Knaur.

Über die Autorin:
Erika Mayr, Jahrgang 1973, stammt aus Oberbayern. Früh zog die gelernte Gärtnerin nach Berlin. Nachdem sie sich durch das Stadtentwicklungsprojekt Shrinking Cities intensiv mit dem Thema des Großstadt-Imkerns beschäftigt hatte, beschloss sie: »Ich brauche jetzt ein Bienenvolk.« Über den Imkerverein Charlottenburg, dessen Vorsitzende sie inzwischen ist, kam sie an ihren ersten Bienenstock. In ihrem Kreuzberger Honig steckt die ganze Vielfalt der Großstadt.
www.stadtbienenhonig.com

Erika Mayr

mit Anne Kunze

Die Stadtbienen

Eine Großstadt-Imkerin erzählt

Knaur Taschenbuch Verlag

Besuchen Sie uns im Internet:
www.knaur.de

FSC
www.fsc.org
MIX
Papier aus ver-
antwortungsvollen
Quellen
FSC® C014496

Originalausgabe April 2012
Knaur Taschenbuch
© 2012 Knaur Taschenbuch
Ein Unternehmen der Droemerschen Verlagsanstalt
Th. Knaur Nachf. GmbH & Co. KG, München
Alle Rechte vorbehalten. Das Werk darf – auch teilweise – nur mit
Genehmigung des Verlags wiedergegeben werden.
Umschlaggestaltung: ZERO Werbeagentur, München
Umschlagabbildung: FinePic®, München
Satz: Adobe InDesign im Verlag
Druck und Bindung: GGP Media GmbH, Pößneck
Printed in Germany
ISBN 978-3-426-78514-0

2   4   5   3   1

Inhalt

Ich widme dieses Buch allen Menschen,
die sich dem Zauber der Bienen
nicht entziehen können

Frühlingserwachen

Sonntagmorgens um neun fahre ich in meinem weißen Sprinter zum Aqua Carrè in Kreuzberg, einem hohen orangegelben Klinkerbau mit Rundbögen aus dem Jugendstil. Früher wurde hier in den Butzke-Werken unter anderem der Aqua-Druckspüler produziert, heute beherbergt das denkmalgeschützte Gebäude ein Künstlerhaus sowie die Ritter Butzke, einen der bekanntesten Clubs Berlins. Von hier sind es nur ein paar Meter gen Süden bis zum Landwehrkanal, östlich fängt nach wenigen Schritten, hinter den Prinzessinnengärten, einem Gemeinschaftsgarten am Moritzplatz, die Oranienstraße an, das Herzstück des alten, kämpferischen Kreuzberg.

Im Eingang zum ersten Hof lehnen ein paar Typen in engen Jeans, bunten Hemden und weißen Turnschuhen. Sie haben die Nacht durchgefeiert und blinzeln nun müde in die Sonne. Elektromusik wummert aus der Ritter Butzke. Ich gehe durch die Clubgänger hindurch. Wie ich wohl für sie aussehe in meiner weißen Imkerjacke mit dem angenähten Netzhut, die Socken von unten über die Jeans gestülpt, damit keine Bienen in die Hosenbeine fliegen? Wahrscheinlich wie ein Gespenst, das sich aus der Nacht in den Tag hinübergerettet hat.

Ich überquere den ersten Hof, in den bereits Sonnenstrahlen fallen. Der Aufgang ist rechts von mir, sechs Stockwerke steige ich hinauf. Mit jeder Stufe werde ich fiebriger, ungeduldiger: Wie geht es meinen Bienen? Haben alle den Winter überlebt? Ab dem fünften Stock renne ich fast. Oben angekommen, sammle ich mich wieder. Vorsichtig klettere ich durch die kleine Luke und setze einen Fuß auf die grauen Dachplatten. Am Ende des Daches, geschützt von der Wand eines kleinen Verschlages, erspähe ich meine acht Bienenvölker: Styroporkisten mit rot, blau und gelb angemalten Böden. Ich bin am Ziel.

Als ich mich den Bienen über das Dach nähere, pfeift der Wind. Von rechts blinkt der Fernsehturm auf dem Alexanderplatz. Links liegen hintereinander die vielen grauen, gleichförmigen Kreuzberger Mehrfamilienhäuser. Ich sehe hohe Straßenbäume und wilde Grünflächen. Bei den Bienen angekommen, öffne ich vorsichtig die Fluglöcher, die ich über den Winter verkleinert hatte. Ich halte den Atem an und warte. Langsam wagen sich die Bienen aus allen Bienenstöcken nach draußen. Sie haben alle überlebt, keines meiner Völker ist über den Winter gestorben.

Freude und Erleichterung breiten sich in mir aus. Aber da ist noch mehr; ein Gefühl in mir, das mich plötzlich ganz ruhig werden lässt.

In Gedanken versunken, betrachte ich die Bienen, ihr mittlerweile emsiges Treiben. Ich sehe ihnen dabei zu, wie sie zum ersten Mal in diesem Jahr ausfliegen und den Frühling begrüßen, ein wunderbares Schauspiel, das ich staunend und beinahe ehrfürchtig genieße. Ich beobachte, wie sie wegfliegen und wieder ankommen, jede einzelne von ihnen als Teil eines großen Ganzen. Eine Gemeinschaft, ein in sich geschlossenes System, dem sich jede Biene unterordnet, in dem sie einen festen Platz und eine Aufgabe hat, die sie immer wieder aufs Neue zum Wohl des ganzen Bienenvolkes erfüllt.

Es hat beinahe etwas Mystisches, dieses Treiben und Summen, die ständige Bewegung der Tiere, die scheinbar wie durch eine unsichtbare Kraft gesteuert werden. Jede Biene an ihrem Platz. So fügt sich eins ins andere, vom Kleinen zum

Großen, bis alles wie von Zauberhand ineinandergreift und funktioniert.

Von diesem Anblick in den Bann gezogen, beobachte ich das Spektakel hier oben auf dem Dach, und mein Blick schweift schließlich weiter über die Mehrfamilienhäuser, die Grünflächen und Straßen von Kreuzberg. Auch hier pulsiert das Leben, herrschen dauernde Bewegung und buntes Treiben. Ein großes Ganzes, kommt es mir in den Sinn, in dem jeder seinen Platz hat. Es kommt nur darauf an, ihn zu finden und dabei nicht von der eigenen Flugbahn abzuweichen. Bei diesem Gedanken muss ich unwillkürlich lächeln.

Diese Erkenntnis habe ich meinen Bienen zu verdanken.

Landliebe und Stadtlust:
Eine Bayerin zieht nach Berlin

Ich wäre nie darauf gekommen, dass ich mal imkern würde – und dazu noch in Berlin –, obwohl ich immer schon sehr naturverbunden war, schließlich war mein Vater Landwirt. Ich bin 1973 im oberbayerischen Schlehdorf in der Nähe vom Kochelsee im Werdenfelser Land geboren, auf dem landwirtschaftlichen Betrieb eines Dominikanerinnenklosters. Als ich vier Jahre alt war, zogen wir aus den Bergen weg, in ein Dorf bei Augsburg, weil mein Vater gerne einen großen ackerbaulichen Betrieb leiten wollte. Unsere ganze Verwandtschaft blieb in Oberbayern.

Mein Opa mütterlicherseits war sogar Imker. Leider habe ich ihn nie an seinem Bienenwagen gesehen. Ich kann mich nur an den guten Honig erinnern, den wir in großen Blecheimern zu Hause hatten. Der Honig war immer kristallisiert: ein Sommerhonig von den Blumenwiesen rund um den Bayersoier See, von dunkelgelber Farbe, süß, aber auch ein wenig herzhaft. Das ist heute noch mein Lieblingshonig, denn er erinnert mich an meine Heimat und den Ort meiner Kindheit. Da mein Opa um die Bestäubungsleistung der Bienen wusste, stellte er seinen Bienenwagen immer in die Streuobstwiesen. Auf diese Weise schaffte er die optimale Voraussetzung für die Tiere, in das Blütenparadies um sie herum auszuschwärmen. Um dann, so wie es der Kreislauf der Natur vorsieht, ihren Honig zu ernten, mit dem die Bienen einen wichtigen Beitrag für unsere Nahrung leisten. Ein gegenseitiges Geben und Nehmen also, und diesen Gedanken finde ich sehr schön.

Nach der Grundschule besuchte ich zunächst das Gymnasium, wechselte aber in der siebten Klasse auf die Realschule, wo es mir besser gefiel. Denn diese Schule ließ mir mehr Zeit, mich für Dinge zu engagieren, die nicht im Lehrplan standen. Zum Beispiel organisierte ich den Verkauf von Umweltschutzpapier und gesundem Pausenbrot und begeisterte meine Klassenkameraden dafür. Von der neunten Klasse an war ich auch Schülersprecherin und verantwortete die Schülerzeitung. Das machte mir großen Spaß.

Mein Interesse für die Umwelt hängt bestimmt damit zusammen, dass mein Vater mit Leib und Seele Landwirt war. Obwohl er konventionelle Landwirtschaft betrieb, sorgte er sich um den Boden. Wenn er seine Kulturen spritzen musste, tat er das morgens um vier, mit der neuesten Technik und so sparsam wie möglich. Er vermittelte mir dieses Umweltbewusstsein und begeisterte mich für die Grundzüge der Landwirtschaft, die Bodenverhältnisse, das Wetter und die Ansprüche der Pflanzen.

Meine Mutter baute alles, was es bei uns zu essen gab, selbst an. Ihr ging das immer ganz leicht von der Hand. »Man darf halt das Säen nicht vergessen, wachsen tut es von alleine«, sagte sie stets. Noch immer haben wir einen großen Garten zu Hause, in dem meine Eltern ihre Lebensmittel anbauen. Und noch immer stammt alles, was sie essen, aus ihrem Garten.

Meine eineinhalb Jahre ältere Schwester wurde Naturwissenschaftlerin. Sie hat auch ein starkes Interesse an Biologie, jedoch mehr an Molekularbiologie und Biochemie. Sie ist sehr zielstrebig und präzise: eine Spezialistin. Ich bin dagegen eher eine Generalistin.

Nach der Mittleren Reife besuchte ich zwei Jahre die Fachoberschule und arbeitete parallel mit Kindern und Behinderten. Wieder reizte mich die Vielfältigkeit, das Ausprobieren und Entdecken von neuen Möglichkeiten. Meine Schwester überzeugte mich schließlich, mit der Schule weiterzumachen. »Du musst das Abitur machen, damit du später studieren kannst, Erika«, ermahnte sie mich.

Nach meinem Fachabitur zog es mich aber nicht an die Hochschule. Meine Schwester lebte bereits in München, wo sie Medizin studierte. Und auch ich hatte das Gefühl, dass es Zeit war, von zu Hause wegzugehen. Am liebsten wollte ich einmal um die ganze Welt.

Ich hatte natürlich nicht viel Geld, und so wurde aus der Weltreise ein sechsmonatiger Trip nach Indien. Ohne ein größeres Ziel vor Augen, ließ ich mich dort zunächst treiben und fuhr, den Empfehlungen anderer Reisender folgend, von Ort zu Ort. Möglichst günstig natürlich, weil meine Reisekasse nicht mehr erlaubte. Ich schlief auf dem Boden und wickelte mich in Tücher, anstatt Kleider anzuziehen. Kein einziges Mal schaute ich in den Spiegel.

Es war für mich zutiefst beeindruckend zu erleben, wie die Menschen in Indien, die so vieles zu ertragen hatten, sich dem Leben unterordneten und trotz aller Entbehrungen nie ihre Würde verloren. Meine Reise führte mich schließlich zu einer heiligen Stätte in Südindien, wo ich sechs Wochen ganz alleine verbrachte. Diese Zeit und das Alleinsein prägten mich sehr. In Indien machte ich die Erfahrung, dass es egal ist, in welcher Umgebung und unter welchen Umständen man lebt. Denn es kommt darauf an, dass es einem damit gutgeht, und wenn man auf dem richtigen Weg ist, dann wird sich alles fügen. Ich befasste mich auf dieser Reise mit dem kosmischen Prinzip des Karma, das besagt, dass jede Ursache eine Wirkung hat und jede Wirkung eine Ursache. Jede unserer Taten erzeugt eine Energie, die mit der gleichen Intensität wieder zu ihrem Ausgangspunkt zurückkehrt. Gleiches muss Gleiches erzeugen, und jeder Mensch ist der Schöpfer seines Schicksals.

Dieser Gedanke elektrisierte mich, denn ich war noch auf der Suche nach diesem Schicksal, nach meinem Platz und meiner Aufgabe. Doch ich spürte bereits, dass ich auf dem richtigen Weg war, und ich vertraute darauf, dass die Dinge sich fügen würden.

Zurück in Deutschland, erlitt ich einen totalen Kulturschock. Wie ungewohnt für mich allein schon ein Badezimmer war, das fließende Wasser aus der Leitung! Die ersten zwei Tage nach meiner Rückkehr verbrachte ich bei meiner Schwester in München und hatte ernsthafte Schwierigkeiten, mich wieder an das Leben hier und das Tempo unseres Alltags zu gewöhnen. Um etwas zur Ruhe zu kommen, beschloss ich, zu meinen Eltern weiterzufahren. Also stieg ich ins Auto und machte mich auf den Weg Richtung Augsburg. Es wurde die anstrengendste Fahrt meines Lebens: Mit 60 Stundenkilometern klebte ich auf der rechten Spur der Autobahn und dachte nur: Was ist denn hier los? Die Geschwindigkeit, mit der die anderen Autos um mich herum fuhren, verstand ich überhaupt nicht mehr. Fix und fertig kam ich schließlich bei meinen Eltern an.

»Werden Sie doch Gärtnerin!«

Als ich mich einigermaßen wieder eingelebt hatte, musste ich mich erneut der Frage stellen, wie es nun weitergehen sollte. Es gab so vieles, was mich interessierte, doch ich bin einfach kein Mensch, der sich den einen großen langfristigen Plan ausdenkt. Viel mehr liegt es mir, Situationen auf mich wirken zu lassen, und aus dieser Erfahrung heraus eine bestimmte Richtung einzuschlagen und so die Dinge in Bewegung zu setzen. Alles, was nach meiner Rückkehr aus Indien für mich feststand, war, dass ich in den Bergen, in meiner heimatlichen Umgebung bleiben und am liebsten mit einem Naturstoff arbeiten wollte. Also fasste ich den Entschluss, eine Schreinerlehre zu machen.

Schreinereien habe ich gesucht, Fabriken habe ich gefunden: Maschinenfabriken. Welchen Betrieb ich mir auch ansah, die Schreiner saßen im Staub, mit großen Kopfhörern auf den Ohren, und schnitten Holz, um so schnell wie möglich an ihre Auftraggeber liefern zu können. Das war zu grob für mich und zu weit weg von dem, was ich mir vorstellte. Doch langsam wurde die Zeit knapp, und wenn ich mich nicht bald entschied, musste ich wieder ein Jahr warten, bis ich mit einer Ausbildung anfangen konnte. In meiner Not ging ich daher zur Berufsberatung.

»Ich will körperlich arbeiten und draußen in der Natur sein«, sagte ich der Beraterin. »Etwas gestalten und Neues ausprobieren können.«

Ihre Antwort kam prompt: »Werden Sie doch Gärtnerin, da arbeiten Sie mit Pflanzen.«

Gleich am nächsten Tag besuchte ich eine Baumschule, um mich mit der Arbeit dort vertraut zu machen: unter freiem Himmel mit den Händen in der Erde wühlen, Bäume und Blumen pflanzen und Gärten anlegen. Genau das macht mir Spaß, dachte ich.

Und ich hatte Glück. Schon wenige Tage später fand ich eine Lehrstelle in einer Baumschule. Aufgeregt und voller Neugier trat ich meine Ausbildung an. Aber schon nach vier Wochen bekam ich Streit mit meinem Chef, einem älteren, unangenehmen Mann mit furchtbaren Manieren. Ich wollte etwas lernen, interessierte mich für Landschaftsbau. Stattdessen gruben wir Auszubildenden lediglich Bäume aus und setzten sie wieder ein. In der Berufsschule schwärmten die anderen von dem, was sie in ihren Ausbildungen alles lernten. Also ging ich zu meinem Chef und forderte von ihm, mir mehr beizubringen. Doch er dachte gar nicht daran, sondern drohte an, mich rauszuschmeißen.

Daraufhin suchte ich mir eine neue Lehrstelle, diesmal in einem Betrieb mit Landschaftsbau. Dort habe ich viel gelernt, vor allem über Stauden und Gehölze. Um die Pflanzen für den Verkauf auszuzeichnen, musste man sie nach Alter und Wuchs bestimmen. Knapp die Hälfte der Zeit waren wir unterwegs im Landschaftsbau. Wir legten Gärten und Teiche an, bauten Wege und Mauern. Zwar waren die vielen Erd- und Steinarbeiten körperlich sehr anstrengend, doch die Resultate waren aller Mühe wert. Bereits nach wenigen Tagen hatte sich eine öde Fläche in einen wunderbaren Garten verändert, und wenn wir ein Jahr später zur Pflege kamen, konnte man das große Ganze schon deutlich erkennen.

Eigentlich gefiel es mir gut in diesem neuen Betrieb. Bloß fragte mich der Chef immer so von oben herab, ob er mir mehr bezahlen solle, damit ich mir ordentliche Kleidung leisten könne, weil ich immer zerrissene Jeanshosen trug. Ich mache mir nicht viel aus Klamotten, und vor allem sah ich nicht ein, was meine Jeans mit meiner Arbeit als Landschaftsgärtnerin zu tun hatte. Obwohl ich jeden Tag mein Bestes gab und mich voll engagierte, war ich immer die Letzte, die eingeteilt wurde, und auf die guten Baustellen durfte ich nie mitfahren. Trotzdem war mir klar, dass dieser Beruf richtig für mich war, und so zog ich die Lehre durch. Nach zwei Jahren hatte ich den Gesellenbrief in der Tasche und schaute mich nun nach einem Betrieb um, wo ich mich besser einbringen konnte.

Großstadtfieber

Meine Schwester lebte mittlerweile in Berlin und lud mich immer wieder ein, sie dort zu besuchen. Doch ich wusste überhaupt nicht, was ich in Berlin sollte. Ich genoss nach wie vor die Nähe zur Natur und zu den Bergen und stellte mir das Leben in einer großen Stadt anstrengend vor: die vielen Menschen, der Verkehr, der Lärm. Ich dachte, das wäre überhaupt nichts für mich, schätzte ich doch die Freiräume, die man hatte, wenn man in einem großen Haus statt einer kleinen Wohnung lebte.

Im August 1997 konnte ich den Überredungskünsten meiner Schwester nicht länger standhalten und fuhr mit der Mitfahrzentrale nach Berlin. Die Stimmung dort gefiel mir so gut, dass ich alles Negative sofort vergaß. Es war unglaublich. Dauernd schien die Sonne, auf den Straßen saßen nur junge Leute und unterhielten sich. Von Hektik, Anonymität und Lärm keine Spur. Was ist denn hier los?, dachte ich beglückt. Meine Schwester wohnte am Prenzlauer Berg. Mit ihrer Vespa düsten wir durch die Stadt. Wir erkundeten die Cafés und Clubs, die Plätze und Grünanlagen. Es war wundervoll, die unglaubliche Vielfalt an Menschen, an Gesichtern, an unterschiedlichen Kulturen zu erleben. Diese bunte Mischung und die entspannte Stimmung faszinierten mich sofort. So was kannte ich aus Augsburg, wo ich während meiner Ausbildung gewohnt hatte, überhaupt nicht. In Berlin gab es überall etwas zu entdecken, und alle Leute waren freundlich. Obwohl oder vielleicht gerade weil die Stadt so riesig war, schienen sich viele ihrer Einwohner auf die direkte Umgebung, in der sie lebten, zu konzentrieren. Da wurden Flohmärkte organisiert, Freiluftkinos veranstaltet, Gemeinschaftsgärten angelegt, und alle schienen mitzumachen, je nachdem, wofür sich jeder Einzelne interessierte und was er einbringen konnte. Diese Verbundenheit, dieser Gemeinschaftssinn begeisterte mich.

Es war so toll, dass ich überrascht dachte: Wow! *So* ist das hier? So ein Leben kann ich mir eigentlich auch gut für mich vorstellen! Es fühlte sich leicht und unbeschwert an. Meine Schwester hatte mir ohnehin immer schon gesagt: »Erika, du kannst doch auch nach Berlin ziehen, das macht dir viel mehr Spaß! Was willst du denn in den Bergen? Dorthin kannst du immer noch gehen, wenn du alt bist.«

Wieder zurück zu Hause, hielt dieser Eindruck an. Das Leben in Berlin hatte mich berührt: die Freiheit, die Vielfältigkeit, die Möglichkeit, sich auszuprobieren und andere Gleichgesinnte zu finden, mit denen man etwas auf die Beine stellen konnte. Genau das war es, was ich mir wünschte!

Und so reifte langsam der Entschluss, Augsburg zu verlassen und in die Hauptstadt zu ziehen. Wenn ich eine Stelle finde, ziehe ich sofort um, nahm ich mir vor. Als ich das nächste Mal meine Schwester besuchte, ging ich daher durch die Straßen, bis ich auf einmal vor einem Zeitungskiosk am Prenzlauer Berg, unweit von ihrer Wohnung, stand.

»Haben Sie eine Zeitung, in der lokale Stellenangebote ausgeschrieben sind?«, fragte ich den Verkäufer.

»Da nehmense am besten die *Zweite Hand*, junge Frau«, sagte der freundliche, ältere Mann. »Und schönen Tag noch, wa?«

Tatsächlich wurde laut einer der Annoncen ein Landschaftsgärtner für eine halbe Stelle gesucht, also für 25 Stunden in der Woche. Aufgeregt lief ich zur Wohnung meiner Schwester. Sollte es wirklich so schnell klappen mit Berlin? War das das Zeichen, dass ich hier am richtigen Ort war? Ich hatte ja kein Zeugnis und keinen Gesellenbrief dabei, gar nichts! Dennoch nahm ich mir ein Herz und wählte die angegebene Nummer.

»Ja, hallo?« Eine freundliche, sonore Herrenstimme. Von einem vielleicht 40-jährigen Mann, schätzte ich.

»Guten Tag, hier spricht Erika Mayr. Ich rufe an, weil Sie eine Stelle ausgeschrieben haben.«

»Hallo! Schön, dass du anrufst. Hast du Lust, kurz vorbeizukommen?«

»Was, jetzt gleich?«

»Ja, warum nicht?«

»Also gut, gern!«

»Okay, ich wohne in Kreuzberg, am Heckmannufer.«

Aufgeregt machte ich mich auf den Weg. Andreas wohnte in einem schönen Altbau im obersten Stock mit einer Dachterrasse. Von dort sah man den Kanal, den Schlesischen Busch und sogar ein Stückchen von der Spree. Die Aussicht war viel freier als der Hinterhofblick in der Wohnung meiner Schwester, und insgeheim wünschte ich mir, auch so zu wohnen.

Andreas und ich waren uns sofort sympathisch. Er hatte Gartenbau studiert und dann eine kleine Fünf-Mann-Firma gegründet, die vor allem Privatgärten anlegte. Das Treffen hatte so überhaupt nichts von einem Vorstellungsgespräch, wie wir da mit unserem Cappuccino saßen und redeten. Andreas kam aus Norddeutschland und hatte großen Spaß an meinem bayrischen Dialekt. Die ganze Zeit dachte ich: Was für ein Glück habe ich denn hier! In Berlin scheint es nicht nur so entspannt auf den Straßen zu sein, auch die Menschen, die hier leben, sind einfach so, wie sie sind, und funktionieren nicht nach äußeren Erwartungen. Sie können ihren eigenen Weg leben.

»Du kannst sofort anfangen«, sagte Andreas schließlich.

»Aber ich brauche noch ein paar Tage, bis ich meinen Umzug über die Bühne gebracht habe«, erwiderte ich vorsichtig.

»Kein Problem. Dann erwarte ich dich zum ersten Oktober!«

Keine Menschenseele

Aufgeregt fuhr ich zurück nach Augsburg. Ob es klug war, einfach so nach Berlin zu ziehen? Ein bisschen mulmig war mir schon zumute, ich kannte dort schließlich niemanden außer meiner Schwester, und die hatte mir gerade eröffnet, dass sie bald eine Stelle in Boston antreten würde. Aber ich schüttelte diese Zweifel schnell ab. Immerhin hatte ich schon eine Arbeit gefunden! Und die Entscheidung, nach Berlin zu ziehen, fühlte sich einfach richtig an, ich hatte das Gefühl, einen weiteren wichtigen Schritt auf meinem Weg zu machen. Und wieder spürte ich instinktiv, dass alles andere sich fügen würde.

In Augsburg organisierte ich meinen Umzug, so schnell ich nur konnte. Nachdem ich meine Wohnung gekündigt, alle Sachen, die ich nicht mitnehmen konnte, bei meinen Eltern untergestellt und meine Koffer gepackt hatte, fuhr ich die 600 Kilometer nach Berlin zurück. Acht Stunden brauchte ich. Acht Stunden, in denen ich durch den goldenen Herbst fuhr, zunächst vertraute Orte wie Ingolstadt hinter mir ließ und schließlich mir weniger bekannte Gegenden im Osten erreichte, vorbei an Jena, Leipzig und Halle.

Am Abend kam ich erschöpft bei meiner Schwester an. Sie

hatte mir angeboten, vorerst bei ihr zu wohnen, bis ich eine eigene Wohnung gefunden hatte. Todmüde verkroch ich mich auf dem Sofa und schlief die ganze Nacht über sehr unruhig, weil sich in meinen Träumen blühende Berglandschaften mit grauen Stadtfluchten rasend schnell abwechselten.

An meinem ersten Arbeitstag sollte ich gleich zu einer Baustelle kommen, das hatte mir Andreas zwei Tage zuvor am Telefon mitgeteilt. Die Adresse fand ich auf meinem Stadtplan im Osten der Stadt, in Treptow. Als ich mir auf dem Fahrplan die Strecke anschaute, war ich geschockt: Der Weg dorthin würde eine Stunde dauern, ich musste dreimal umsteigen und hatte damit noch längst nicht die gesamte Stadt durchquert. Wenn man in Augsburg eine Stunde lang fährt, ist man in München.

Das Bahnfahren, die Ausmaße der Stadt – all das war sehr ungewohnt für mich. An diesem ersten Morgen musste ich am Alexanderplatz umsteigen. Ich sehe heute noch die Menschenmassen vor mir, die sich müde durch die türkis gefliesten Unterführungen schoben. Wo wollten diese Menschen nur alle hin? Der Morgen war nass und grau. Das Juhu-Berlin-Gefühl, von dem ich in den Ferien sechs Wochen zuvor noch erfüllt gewesen war, wich urplötzlich einer Ernüchterung und einem flauen Bauchgefühl.

Als ich auf der Baustelle ankam, beruhigte mich sofort das sanfte Lächeln von Andreas. »Herzlich willkommen«, begrüßte er mich und stellte mich der Mannschaft vor.

Meine erste Aufgabe war es, eine Betonkante zu setzen. Meine Güte, dachte ich, jetzt geht das mit den Erd- und Steinarbeiten wieder los. Viel lieber würde ich Gärten pflegen, Rosen schneiden, Unkraut jäten, einfach mit Pflanzen arbeiten und nicht mit Beton und Stein.

Doch die Arbeit in Andreas' Betrieb machte mir schnell Spaß, und schon nach kurzer Zeit lernte ich auch meine Kollegen besser kennen. Vor allem mit Jens verstand ich mich gut, und nach ein paar Tagen gingen wir das erste Mal abends zusammen aus. Am Wochenende erkundeten wir stundenlang die Stadt, Jens zeigte mir die Parks und Grünanlagen Berlins. Als es kälter wurde, setzten wir uns in die Ringbahn, die einmal die gesamte Stadt umrundet, fuhren ein bisschen herum, und ich staunte über die verschiedenen Menschen, die an den jeweiligen Stationen einstiegen: die Studenten am Prenzlauer Berg, die Araber und Türken in Moabit, die gut gekleideten etablierten Leute in Charlottenburg und schließlich die Arbeitslosen in Neukölln.

Schon bald fühlte ich mich wohl in Berlin und lebte mich immer besser ein. Viel Zeit blieb mir allerdings nicht, mich an meine neue Arbeit zu gewöhnen, denn ich hatte ja im Oktober angefangen, und so stand bald der erste Winter vor der Tür. Es gab keine Arbeit mehr draußen, weil alles gefroren war. Im Landschaftsbau hat man dann eine Winterpause bis März, bis es wieder losgehen kann. Durch die saisonbedingte Arbeitspause hatte ich allerdings Zeit, mich der Wohnungssuche zu widmen.

Wieder wurde ich in der *Zweiten Hand* fündig, der Zeitung, durch die ich schon auf den Job bei Andreas aufmerksam geworden war. Dort war ein kleines WG-Zimmer nur mit Ofenheizung inseriert, das zum Hinterhof rausging und im 4. Stock in einem Altbau lag. Leider war es nur zehn Quadratmeter groß, aber dafür sehr billig. Ich konnte bereits im November einziehen und stand nun endgültig auf eigenen Füßen. Mit meiner Mitbewohnerin Christiane freundete ich mich schnell an. Sie studierte Medizin, und wir saßen jeden Abend zusammen in unserer kleinen Küche, tranken Tee und erzählten uns die Geschichten des Tages. Oft war ich aber auch alleine, wenn Christiane an der Uni war.

Der erste Winter in Berlin war schrecklich. Es war kalt und dunkel. Niemand war auf den Straßen unterwegs. Ich wusste nicht, wohin ich gehen sollte, ich hatte kaum Geld und kannte niemanden. An manchen Tagen fühlte ich mich so miserabel, dass ich meinen spontanen Entschluss vom Sommer bereute und schließlich dachte, ich müsste wieder wegziehen aus Berlin, zurück in die Heimat und in die Berge.

Erst als das Frühjahr kam und im April die Arbeit draußen wieder anfing, wurde es besser. Als ich Andreas erzählte, dass ich mich den Winter über sehr einsam gefühlt und sogar darüber nachgedacht hatte, wieder wegzuziehen, sagte er zu mir: »Erika, du musst studieren. Da lernst du Leute kennen. Nebenbei kannst du bei mir in der Firma arbeiten. Studier doch auch Gartenbau. Mit deinem Interesse an Botanik wärst du da genau richtig.«

Ich dachte darüber nach und kam zu dem Entschluss, dass er recht hatte. Geistig fühlte ich mich noch nicht genug herausgefordert, und ein Gartenbaustudium war die perfekte Ergänzung zu meiner Ausbildung. Also bewarb ich mich um einen Studienplatz an der Technischen Hochschule im Wedding.

Dieser Schritt erwies sich bald schon als goldrichtig, das Studium war sehr praktisch ausgerichtet, und gleichzeitig förderte es mein Verständnis für ökologische Zusammenhänge. Außerdem weckte es rasch mein Interesse an naturwissenschaftlichen Grundlagen. Vor allem Botanik und Bodenkunde begeisterten mich; die betriebswirtschaftlichen Grundlagen der Baumschulproduktion, die Pflanzenzüchtung im

Gewächshaus sowie Technik und Chemie in der Aufzucht faszinierten mich hingegen weniger.

Das Grundstudium war in einer wunderschönen alten Villa in Dahlem, gleich am Botanischen Garten. Die Gegend dort ist gediegen und angenehm, mit hohen Alleen, großen Villen und alten Gärten, vielen Museen sowie der Freien Universität. Dazwischen gibt es auch ein paar Versuchsfelder und echte landwirtschaftliche Flächen, die eine gewisse Weite in die Stadt bringen. Es wirkt fast schon ländlich dort, und so fühlte ich mich in Dahlem viel wohler als am dicht besiedelten Prenzlauer Berg.

Nach meinen Anfangsschwierigkeiten in meinem ersten Berliner Winter begegneten mir nun so viele Leute, denen ich mich verbunden fühlte. Was mich reizt, sind Menschen, die unabhängig von Normen und den Erwartungen anderer leben, die etwas haben, das ihnen wichtig ist, und sich Gedanken darüber machen, wie sie ihr Leben führen möchten. In jedem von uns schlummern so viele Talente und Fähigkeiten, die jeder Einzelne im Kleinen einbringen kann, um so das große Ganze zu gestalten und zu verändern. Genau das hatte ich in Berlin gefunden, als ich das erste Mal meine Schwester dort besucht hatte. Und ich wusste, dass dies auch meinem Lebensmodell entsprach, und um das zu teilen, suchte ich nun Gleichgesinnte.

So kam ich auf die Idee, mir einen Nebenjob in einer Bar zu suchen. Das würde sich zum einen positiv auf meine finanzielle Situation auswirken und gleichzeitig die Gelegenheit bieten, neue Leute kennenzulernen. In einer Bar kommen schließlich die unterschiedlichsten Menschen zusammen. Und wieder sollte sich schon bald eins in das andere fügen, kaum dass ich die richtige Richtung eingeschlagen hatte.

In der Jägerstube

Über meine Schwester lernte ich einige Wochen später Jörg kennen. Jörg lebte schon seit einigen Jahren in Berlin und kannte sich gut aus. Da er in Treptow wohnte, einem Bezirk, der an Kreuzberg angrenzt, war er viel in der Gegend um den Görlitzer Park unterwegs.

Er hatte auch gleich eine Idee, wo ich nebenbei arbeiten könnte. »Wenn du in einer Bar arbeiten möchtest, Erika«, sagte Jörg, »muss es das Mysliwska sein. Das ist der beste Laden hier in der Gegend.«

Das Mysliwska war damals ein echter Geheimtipp. Vitek, ein polnischer Künstler, hatte das ehemalige Restaurant nach der Wende in eine Jägerstube verwandelt. Wenn man den ersten Raum betrat, stand man vor einem goldenen Messingtresen, dem Herzen der Bar. Der Boden war schwarz und weiß gefliest, der Tresen mit dunklem Holz verkleidet und die einfachen Holztische spärlich im Raum verteilt.

Als ich zum ersten Mal ins Mysliwska kam, war ich erstaunt, wie klein es war. Zwar gab es noch einen zweiten Raum, aber auch der fasste nur sechs Tische mit einfachen Holzstühlen. Erst später merkte ich, dass es noch einen kleinen verwunschenen Raum um die Ecke gab, wo am Wochenende getanzt wurde.

Ich war beeindruckt. Die Atmosphäre war toll, alles war nur dezent beleuchtet, die Wände in Gold und Grün gehalten, so dass sie das Gefühl vermittelten, als sei man mitten im dunklen Wald.

Die Leute in der Bar schienen sich alle zu kennen, eine Gemeinschaft von unterschiedlichsten Typen. Künstler, Schauspieler, Schriftsteller, Studierende, Fotografen, Menschen auf der Suche, Zweifelnde, Ausschweifende, Traurige … Die Atmosphäre im Mysliwska berührte mich auf Anhieb. Hier wollte ich arbeiten!

Jörg und ich tranken erst mal ein Bier, bis ich mich traute, den Mann hinter dem Tresen zu fragen, ob sie noch Leute suchen.

»Da musst du mit Vitek sprechen.«

»Wer ist Vitek?«

»Na, der Chef. Der ist aber erst morgen wieder da.«

Jörg kannte Nikol, die ab und zu im Mysliwska arbeitete, und sie stellte mich schon am nächsten Abend Vitek vor.

»Braucht ihr noch Leute?«, fragte ich ihn.

Doch Vitek schüttelte den Kopf, im Moment hatte er keinen Bedarf an weiteren Aushilfen. Ich war enttäuscht, denn das Mysliwska hatte es mir wirklich angetan. Doch auch wenn ich den Job nicht bekommen hatte, beschloss ich, von nun an regelmäßig in diese Bar zu gehen, denn die Leute und die Atmosphäre dort gefielen mir. Im Mysliwska hatte ich das Gefühl, zu Hause zu sein, zusammen mit Menschen, die ähnliche Vorstellungen vom Leben haben wie ich.

Eines Abends im Mai kam Vitek dann zu mir, als ich mit Jörg bei einem kleinen Bier saß.

»Erika?«, sprach er mich an.

»Ja, Vitek?«

»Suchst du noch einen Job hinterm Tresen? Du könntest jetzt nämlich hier anfangen. Ich suche jemanden für die späte Schicht am Dienstag. Ab 22 Uhr bis Ende. Einverstanden?«

Und ob ich einverstanden war! Auf dieses Angebot wartete ich schließlich seit Monaten.

Dienstags war ich von nun an die Barfrau im Mysliwska, von 22 Uhr bis 4 Uhr morgens. Damals war die Bar nur am Wochenende voll, unter der Woche kamen manchmal nur zwanzig Leute. So lernte ich die Stammgäste erst im Laufe der Zeit kennen.

Endlich hatte ich das Gefühl, richtig in Berlin angekommen zu sein. Ich gehörte dazu! Mit dem Mysliwska hatte ich einen Ort gefunden, an dem ich Menschen traf, die mich überraschten und interessierten, die mir von Dingen erzählten, mit denen ich mich bisher nicht beschäftigt hatte.

Jeder Abend war anders, je nachdem, wer kam und welche Musik lief. Niemand wusste zu Beginn des Abends, wie die Nacht enden würde. Es war wunderbar. Im Gegensatz zu meinem verschulten Studium und den Tagen, an denen ich bei Andreas als Gärtnerin arbeitete, waren die Nächte offen und aufregend.

Oh, wie schön ist Kanada!

Eineinhalb Jahre lang genoss ich mein Leben in Berlin und die Abende und Nächte im Mysliwska, bis im September 1999 ein Praxissemester für das Studium anstand. Ich wollte diese Zeit gerne nutzen, um wieder ins Ausland zu gehen, also kündigte ich meine Wohnung.

Bloß: In welches Land sollte ich gehen? Nach drei Jahren in Berlin wollte ich unbedingt wieder in die Berge. Am liebsten in eine weite Landschaft mit viel Schnee und Eis. Mir schwebte eine Farm vor, die ökologisch wirtschaftete. Seit meiner Kindheit habe ich diese Sehnsucht nach einem Ort, der sich den natürlichen Bedingungen anpasst, sich in die Umgebung fügt und die Ressourcen nach bestem Wissen nutzt. Eine biologisch wirtschaftende Farm war einer dieser Orte.

Da kam mir eine Idee: Auf meiner Indienreise sieben Jahre

zuvor hatte ich Michael kennengelernt, mit dem ich mich sofort seelenverwandt gefühlt hatte. Er kam aus der kanadischen Atlantikprovinz Neufundland. Ihm schrieb ich von meinem Wunsch, mein Praxissemester auf einer Farm im Ausland zu verbringen. Kanada schien für mein Anliegen geradezu perfekt zu sein.
Michael antwortete sofort:

Liebe Erika,
bei uns in Kanada gibt es ein Programm, es heißt WWOOF, Willing Workers on Organic Farms. Freiwillige, die durch WWOOF vermittelt werden, erhalten zwar keine finanzielle Entschädigung für ihre Arbeit, aber Unterkunft und Verpflegung bei den jeweiligen Arbeitgebern. Was meinst Du, könnte das was für Dich sein?
Love, Michael

Natürlich entsprach das Programm meinen Wünschen! Ich wollte der Berge wegen unbedingt in die Rocky Mountains, also suchte ich nach einem Hof in der Provinz British Columbia. Auf der *WWOOF*-Liste, die Michael mir geschickt hatte, war der Hof eines Schweizer Paares aufgelistet, George und Bridget, beide waren schon über 70 Jahre alt. Bei ihnen bewarb ich mich, und bald hielt ich ihre Antwort in den Händen, dass sie sich auf mein Kommen freuten.

Ende August bestieg ich das Flugzeug in Berlin-Tegel. Schon der Flug war phantastisch: Ich flog immer mit der Sonne, dem blauen Himmel entgegen. Als wir über den Rocky Mountains waren, drehte ich fast durch vor Freude. Während des Landeanfluges versank die Sonne als riesige rosafarbene Kugel im Pazifik. Es war unglaublich schön.

Nach der Landung wurde allen Passagieren ein Einreiseformular gereicht, eine Doppelkarte, die man ausfüllen musste. Aus Versehen kreuzte ich als Grund für meinen Aufenthalt »work« an, Arbeit. Heute weiß ich, dass man, wenn man ohne Arbeitserlaubnis nach Kanada reist, auf jeden Fall »holiday« ankreuzen sollte, also Urlaub. Beim Aussteigen wurde ich sofort von einem Zollbeamten abgefangen. Ein großer, schwerer Mann führte mich in einen kleinen Verschlag, wo ich mich auf einen Stuhl an der Wand setzen sollte. Dicht vor mir baute er sich auf.

»Was wollen Sie in Kanada?«, fragte er mich wieder und wieder.

»Ich arbeite auf einer ökologischen Farm, das habe ich Ihnen doch schon erklärt.«

»Wo ist Ihre Arbeitserlaubnis?«

»Ich brauche keine, weil ich nichts verdienen werde. Ich arbeite freiwillig auf der Farm«, versuchte ich ihm verständlich zu machen.

»Und wo ist die?«

Ich gab ihm die Anschrift von George und Bridget.

Erst nach drei Stunden ließ er mich gehen. »Aber nur für zehn Tage«, ermahnte er mich. Normalerweise bekam man als Tourist ein Visum für sechs Monate.

Die Fahrt zur Farm dauerte sechs Stunden. George und Bridget nahmen mich herzlich in Empfang, als ich endlich ankam.

»Hört mal, es gibt da ein Problem …«, begann ich vorsichtig.

»Beim Zoll haben sie mir nur ein zehntägiges Visum gegeben, weil ich aus Versehen gesagt habe, dass ich in Kanada arbeiten werde. Sie haben auch eure Anschrift.«

»Oje«, sagte George besorgt.

»Wir beantragen postalisch ein neues Visum für dich«, schlug

Bridget vor. »Es ist aber vielleicht am besten, wenn du nicht hier bist, wenn sie in den zehn Tagen zur Kontrolle kommen. Warum suchst du dir nicht einen Ort, wo du so lange bleiben kannst? Und wenn du wiederkommst, hat sich bestimmt alles geklärt.«

Mir sollten die zehn Tage Pause recht sein, immerhin boten sie mir die Möglichkeit, die Aufregung zu vergessen und auf andere Gedanken zu kommen, bevor ich mit der Arbeit auf der Farm beginnen konnte. Zum Glück wusste ich von einem *Vipassana*-Zentrum auf Vancouver Island, direkt an der Pazifikküste. Das ist ein buddhistisches Zentrum für Schweigemeditation, und diese Meditation hatte es mir seit meiner Indienreise angetan. Ich beschloss also, die zehn Tage gemeinsam mit hundert anderen Menschen schweigend zu verbringen.

Um vier Uhr morgens standen wir auf, um zwei Stunden lang zu meditieren. Um sechs Uhr gab es Frühstück. Dann folgte eine Vorlesung. Zwei Stunden lang erklärte ein Lehrer, was gerade mit uns geschah, und gab Anregungen, mit welchen Themen wir uns gedanklich beschäftigen könnten. Es ging viel um Atmung und Konzentration.

Männer und Frauen schliefen getrennt in unterschiedlichen Schlafsälen. Während der ganzen Zeit hatten wir weder Zettel noch Stift, auch das Verzichten auf Lesen und Schreiben gehörte zur *Vipassana* dazu. Oft hatte ich körperliche Schmerzen, wir saßen ja die meiste Zeit im Schneidersitz. Ab dem vierten Tag sah der Tagesablauf eine ganze Stunde vor, in der wir uns überhaupt nicht bewegen durften. *The Hour of strong Determination.* Ich schaffte das nie. Irgendetwas fing immer an zu ziepen oder weh zu tun.

Am Abend des neunten Tages durften wir zum ersten Mal wieder miteinander sprechen. Da wird einem bewusst, wie stark Stimme und Person zusammenhängen. Die Stimme ist ein wesentliches Merkmal eines jeden Menschen. Sie ist das i-Tüpfelchen, das den Menschen zu einem Individuum formt. Als ich einige der anderen zum ersten Mal sprechen hörte, war ich oft überrascht, und das zeigte mir, dass wir von anderen zwar ein Bild haben, es aber oftmals überhaupt nicht mit der Wirklichkeit übereinstimmt. Schon allein der Klang der Stimme ändert unser subjektives Bild und passt es der Wirklichkeit an.

Diese zehn Tage waren eine sehr intensive Zeit für mich. Die *Vipassana* erdete mich, und ich konnte wieder anfangen, mich in Relation zum großen Ganzen zu sehen. Sie gab mir eine Ahnung davon, dass es eine ordnende Kraft gibt, die den Kreislauf des Lebens steuert, ganz egal, ob man diese Kraft nun religiös, spirituell oder in der Natur begründet sieht. Wir alle sind Teil eines Ganzen, eines übergeordneten Systems, und wir sind verantwortlich dafür. Die meisten Menschen übersehen das, und unser Alltag schärft auch immer mehr den Blick für die rein persönlichen Ziele: den beruflichen Erfolg, das neue Auto, die teure Kleidung. Doch dadurch entfernen wir uns immer mehr von unserem Ursprung und von dem, was uns eigentlich ausmacht. Wir verlieren das Interesse, uns für andere einzusetzen, uns für Themen zu engagieren, die nichts mit uns persönlich zu tun haben. Uns darauf zu besinnen, dass auch wir in den Kreislauf der Natur eingebunden sind, ein System, das größer und mächtiger ist, als der Mensch es je sein wird. Ein immerwährender Kreislauf, dem wir untergeordnet sind und in dem wir jeden Tag unseren Teil dazu beizutragen haben, dass der natürliche Lauf der Dinge nicht unterbrochen wird.

Wovon ich damals bei der *Vipassana* eine Vorstellung bekam, verdeutlichen mir heute meine Bienen: dieser Zusammenhang, diese Verbundenheit mit der Natur, die allen Wesen gemeinsam ist. Ein Bienenvolk ist auch ein in sich geschlossenes System, das eigenen Regeln folgt. Die Bienen sind flexibel, sie passen sich an die Bedingungen, die ihre Umwelt ihnen vorgibt, an. Ihre Aufgabe ist es, Blüten zu bestäuben und so das ganze Ökosystem aufrechtzuerhalten, und diese Aufgabe erfüllen sie Jahr für Jahr. Mit ihrem Ausschwärmen entwickelt sich ein neuer Stock. Jede einzelne Biene engagiert sich – keine bleibt einfach zu Hause im Bienenstock und hofft, dass die anderen die Arbeit schon machen werden.

Wir Imker sehen uns lediglich als Diener in diesem Bienensystem. Natürlich müssen wir heutzutage zur Schädlingsbekämpfung und zur Vermeidung von Erkrankungen beitragen und für die Bienen die optimalen Bedingungen herstellen. Aber letztendlich reguliert sich ihr System von ganz alleine und ohne unser Zutun. Das ist der Zauber, der von den Bienen ausgeht. Und der Honig, den wir Menschen ernten, ist ein Produkt dieses Systems, dieses natürlichen Kreislaufs. Wer einmal seinen Honig bei einem Imker und nicht im Supermarkt gekauft hat, hat vielleicht eine Vorstellung davon bekommen.

Ich stand noch ganz unter dem Eindruck dieser Erfahrungen, als ich am Ende der zehn Tage zur Farm zurückfuhr. Das Verständnis vom großen Ganzen, das ich bei der *Vipassana* erlangt hatte, würde mir bestimmt in den nächsten sechs Monaten von Nutzen sein. Ohne dass es so geplant gewesen wäre, hatte ich durch reinen Zufall also den perfekten Start in mein Praxissemester erwischt.

Als ich bei George und Bridget ankam, begrüßten sie mich wie schon beim ersten Mal herzlich, und Bridget winkte mit einem weißen Brief in der Luft. »Dein Visum ist da, Erika!«, rief sie.

Ich konnte bleiben. Meine Welt war in Ordnung.

Gemeinsam mit vier anderen Freiwilligen bewohnte ich das Farmhaus, während George und Bridget in einem Trailer vor dem Haus schliefen. Es gab Schafe und Kühe auf der Farm. Wir bewirtschafteten den Hof nach den Prinzipien der biologisch-dynamischen Landwirtschaft. Das bedeutet, dass Landbau, Viehzucht, Saatgutproduktion und Landschaftspflege nach anthroposophischen Grundsätzen betrieben werden. Die Produkte der biologisch-dynamischen Landwirtschaft kennt man hierzulande unter der Marke Demeter.

Grundlage für die Bauern ist der »Landwirtschaftliche Kurs« von Rudolf Steiner, eine Sammlung mehrerer Vorträge, die Steiner im Winter 1924/25 gehalten hat. In den 1920er Jahren hatten einige Landwirte, Gutsbesitzer und Lebensmittelverarbeiter, die der Anthroposophie nahestanden, Rudolf Steiner gebeten, ihnen Anregungen zu einer Neuorientierung des Landbaus zu geben. Sie fanden nämlich, dass Nahrungsmittel wie Getreide weniger gut schmeckten als das, was sie noch in ihrer Kindheit genossen hatten. Dieses Gefühl der Qualitätsverschlechterung entstand in einer Zeit, in der die mineralische Stickstoffdüngung gerade aufkam und sich die Massenproduktion von Nahrungsmitteln entwickelte.

Die Idee des »landwirtschaftlichen Organismus«, die heute auch außerhalb der biologisch-dynamischen Richtung gepflegt wird, wurde von Steiner entwickelt. Eine erweiterte, »wesensgemäße« Erkenntnis der physischen Stoffe und deren Aufgabe als »Träger geistiger Kräfte« wurden als wichtige Grundlage genannt. Auch zum richtigen Verhältnis zwischen Feldwirtschaft, Obstwirtschaft und Tierhaltung, zur Bedeutung des Waldes und der Bildung von Biotopen wurden Angaben gemacht. Die »wesensgemäße« Fütterung der Tiere und die menschliche Ernährung waren Thema in Steiners Vorträgen. Als besonders wichtig wurde die Belebung des Bodens und die Förderung und Erhaltung einer dauerhaften Fruchtbarkeit herausgearbeitet. Darüber hinaus wurden neue Konzepte für Düngerwirtschaft und Kompostherstellung erarbeitet.

Georges und Bridgets Farm in Kanada betrieb zudem CSA, *community supported agriculture:* Eine Gruppe von Menschen, die nahe bei der Farm lebten, hatte sich zu einer Verbrauchergemeinschaft zusammengeschlossen. Alle verpflichteten sich, ein Jahr lang die Ernte vom Hof abzunehmen, egal, wie sie ausfiel. Die Mitglieder entschieden mit, was beispielsweise angebaut werden sollte.

CSA ist ein sinnvolles Konzept, finde ich, weil es die Beziehung von Erzeuger und Konsument fördert. Bei Nahrungsmitteln spielt das eine große Rolle.

Es entstand in den 1960er Jahren in Japan, wo heute etwa ein Viertel der Haushalte an einem *Teikei* – einer Partnerschaft – beteiligt ist. In den USA entwickelte sich die *community supported agriculture* jedoch unabhängig davon seit 1985, zurzeit gibt es etwa 1500 Gruppen.

In Deutschland gilt der Demeter-Betrieb Buschberghof in Fuhlenhagen als Keimzelle für die hierzulande noch recht spärlich gesäten CSA-Gemeinschaften. In vielen Städten, auch in Berlin, entwickelten sich sogenannte *Foodcoops,* in denen eine Gruppe von Stadtbewohnern von einem Landwirt jede Woche ihr Gemüse und ihre tierischen Produkte in ein Gemeinschaftsdepot geliefert bekommt. Als einfachere Variante bieten manche Höfe hier auch sogenannte Gemüse-Abo-Kisten an.

Schnee und Einsamkeit

Da ich im Spätsommer auf die Farm kam, war ich bei der Ernte gleich voll dabei: Kohl und Rüben, Kartoffeln und Pastinaken, Zwiebeln und viele Kürbisse. Das Einzige, was zu der Jahreszeit noch angepflanzt wurde, war Knoblauch. Wir setzten die Knollen mit der Hand in den Boden und wünschten jeder einzelnen eine gute achtmonatige Zeit unter der Erde.

Die Bodenbearbeitung geschah entweder mit einem alten Traktor, den ich wirklich gerne fuhr, oder nach ganz alter Methode mit einem Pferd. Wir hatten einen kleinen *Grubber,* ein Gerät zur Lockerung und Krümelung des Bodens, mit dem wir durch die Reihen gingen.

Etwas weiter vom Farmhaus entfernt lag eine Obstwiese. Eines Tages, an einem kühlen, aber sonnigen Herbsttag fuhren wir gemeinsam dorthin, um die Äpfel zu pflücken. Die Bäume standen auf einer Anhöhe, von wo aus man auf den stillen dunkelblauen See blicken konnte, der im Tal lag, dahinter schneebedeckte Berge, die wie überdimensionale Zuckerhüte aussahen.

Es war atemberaubend! Den ganzen Tag griffen wir in den blauen Himmel und pflückten die guten Früchte der Erde. Am Wochenende packten wir die Früchte in Kisten, die wir anschließend zu unseren Kunden ausfuhren.

Dann kam der November, und wir wurden eingeschneit. Draußen konnte man fast nichts mehr tun. Wir hackten Holz, putzten die Maschinen und Werkzeuge und machten alles winterfest. Nach *Thanksgiving,* an dem wir noch einen reich gedeckten Tisch hatten, mussten fast alle gehen, denn die Ernte gab nicht mehr her.

Ich fing an, Häuser zu hüten für Leute, die verreist waren,

und zum Glück hatte ich auch etwas Geld zur Seite gelegt. Aber man braucht auch kaum Geld dort draußen. Der Schnee wurde immer höher, und manche Straßen konnten nicht mehr passiert werden. Um einkaufen zu können, musste ich mit den Langlaufskiern zur Hauptstraße laufen, von wo aus ich in den nächsten Ort trampte.

So vergingen die Wochen. Da ich kein eigenes Auto hatte, konnte ich nicht so viel unternehmen. Ich hatte Zeit zum Lesen und Schreiben und widmete mich vor allem dem Praktiumsbericht für das Studium. Es war sehr einsam, oft zu einsam für mich.

Im Januar durfte ich noch mal ein paar Tage auf der Farm wohnen. Dann fuhr ich mit dem Zug an die Ostküste, um Michael zu besuchen. Die Zugfahrt dauerte fünf Tage und führte mitten durch die Weite der Prärien. Die Landschaft bestand aus nur drei Farben: dem Weiß des Schnees, dem Blau des Himmels und dem Gold der Gräser. Jede Stadt sah man schon aus meilenweiter Entfernung, so flach war das Land dort.

In Neufundland, einer dicht bewaldeten Insel im Atlantik, konnte ich das erste Mal Elche entdecken, sogar auf den Straßen, und die Menschen erzählten, dass es mehr Elche als Einwohner auf der Insel gibt.

Den Februar verbrachte ich auf einer kleinen Farm auf Vancouver Island. Dort gab es keinen Schnee, so dass man auch im Winter arbeiten konnte. Die Farm war nur mit dem Boot zu erreichen. Die Farmer hatten Gewächshäuser, und wir bereiteten alles für die nächste Saison vor.

Hier ging meine Zeit in Kanada zu Ende. Es war ein Riesenerlebnis für mich gewesen. Ich habe ich mich während der sechs

Monate in das Land verliebt: in die Lässigkeit und Unaufgeregtheit der Menschen, in die Ehrlichkeit und Einfachheit des Daseins, und vor allem in die Abgeschiedenheit und Weite der Landschaft. Ich nahm mir fest vor, gleich nach dem Studium nach British Columbia auszuwandern.

Im besetzten Haus

Zurück in Berlin, erschien mir alles grau und eng. Da ich keine Wohnung mehr hatte, verbrachte ich ein paar Tage bei einer Freundin.

Ein guter Freund aus Starnberg fragte mich eines Tages, ob ich nicht Lust hätte, nach Mitte zu ziehen, in ein besetztes Haus, das er schon seit Jahren mit 16 anderen Leuten bewohnte. Das hörte sich nach einer guten Idee an. Ich bewarb mich in der WG, weil ich dachte, es würde so ähnlich werden wie auf der Farm, nur dass hier das gemeinsame Ziel eben nicht ein Hof, sondern ein Haus war, das es zu bewahren galt. Jeder bewohnte zwei Zimmer, und es gab eine Gemeinschaftsküche. Alles war ziemlich improvisiert. Als Neuankömmling hatte ich zwei Zimmer im ersten Stock, direkt über der Hofdurchfahrt, mit Ofenheizung. Die Räume waren sehr kalt und dunkel. Sonntags gab es Plenum, alle kamen zusammen und diskutierten. Die politischen Themen, die dort an der Tagesordnung waren, interessierten mich nicht wirklich, und meine Anliegen, das Kochen und die Putzpläne strenger zu organisieren, fanden bei den anderen keinen Anklang.

Ich war im Gegensatz zu manch anderen viel unterwegs, studierte und hatte zwei Jobs. Am Abend hastete ich oft noch schnell zum Einkaufen, damit ich am nächsten Tag was zum

Frühstücken hatte. Leider war am nächsten Morgen regelmäßig alles aufgegessen.

»Leute, so geht es nicht«, versuchte ich, mit meinen Mitbewohnern zu reden, »jemand anderer muss auch mal einkaufen. Wenn ich morgens um sieben aus dem Haus gehe, brauche ich etwas zum Essen.«

Aber es änderte sich nichts. Die WG war in zwei Parteien geteilt: Die einen machten alles, die anderen gar nichts. Das war nicht nur beim Einkaufen so, sondern auch beim Putzen, Renovieren, Diskutieren. Die Dynamik der Gruppenbildung war so stark, es machte mich ganz kirre.

Ich hatte einen ganz anderen Idealismus. Ich dachte: Wir haben ein Haus zusammen – und jeder gibt das Beste. Auf der Farm in Kanada hatte jeder vollen Einsatz gezeigt, jeder arbeitete, so gut er konnte, putzte, pflanzte, hütete die Tiere, kochte – und war so Teil der Gemeinschaft.

Aber im besetzten Haus gab es eine Rangordnung. Die anderen teilten meine Auffassung vom gemeinschaftlichen Zusammenleben nicht, und so funktionierte das für mich einfach nicht. Also schaute ich mich nach einem halben Jahr nach einer neuen Wohnung um.

Meine nächste Wohnung, so viel wusste ich sicher, sollte in Kreuzberg sein. Mittlerweile hatte sich mein gesamter Freundeskreis im und um das Mysliwska herum organisiert. In Kreuzberg fühlte ich mich zu Hause.

Über Freunde fand ich eine Wohnung in der Wiener Straße, mit Blick auf den Görlitzer Park, nur zehn Minuten Fußweg zum Mysliwska. Die Wohnung war toll, und es tat gut, wieder alleine zu sein. Es ist eben immer das Gleiche, mein Leben bewegt sich zwischen den Polen Einsamkeit und Gemeinschaft. Ich halte das Alleinsein wie die meisten Menschen nicht so gut aus, aber in der Gemeinschaft muss ich meine Individualität spüren, sonst ist es nichts für mich. Den goldenen Mittelweg hatte ich in Kanada auf der Farm kennengelernt. In Berlin jedoch war ich noch auf der Suche danach.

Barbesitzerin

2002 machte ich den Abschluss als Gartenbauingenieurin. Meine Diplomarbeit schrieb ich in Kooperation mit dem Institut für Ökologie über die Anzucht von autochthonen – also gebietsheimischen – Gehölzen.

Ich war frei und bereitete mich auf den Umzug nach Kanada vor. Natürlich arbeitete ich immer noch einmal in der Woche im Mysliwska, und es war schon seit einiger Zeit im Gespräch, dass Vitek den Laden verkaufen wollte. Er hatte nach zehn Jahren keine Lust mehr, eine Bar zu betreiben, und wollte wieder mehr Zeit für seine Kunst haben. Als schließlich ein Käufer vor der Tür stand, riss es uns alle aus dem Schlaf! Keiner von uns wollte das Mysliwska verlieren, wir wollten es alle behalten, so wie es war. Nikol war die Erste, die handelte. »Warum kaufen wir nicht das Mysliwska?« Sie schlug sich mit der flachen Hand gegen die Stirn. »Warum sind wir da nicht gleich draufgekommen?«

»Ich bin mir gar nicht sicher, ob ich Barbesitzerin werden will, ich will doch eigentlich nach Kanada gehen«, entgegnete ich.

»Ich meine ja nicht uns beide alleine. Vielleicht würden Robert und Karsten noch mitmachen?«

»Ich weiß nicht, Nikol. Haben wir denn so viel Geld?«

Auf dem Nachhauseweg und die darauffolgenden Tage dachte ich über Nikols Vorschlag nach. Gleichzeitig prüfte ich meinen Wunsch, nach Kanada auszuwandern. Immer wieder stellte ich mir die Frage, was ich eigentlich wollte und wo ich mich am besten verwirklichen könnte.

Das zu beantworten war gar nicht so schwer: mit Gleichgesinnten an einem Projekt arbeiten, an einem sozialen Projekt, das die Gesellschaft adressiert, also im öffentlichen Raum stattfindet; einem Projekt, bei dem jeder, der mitmacht, sein Bestes gibt. Nach und nach ging mir auf, dass auch das Mysliwska ein solches Projekt war. Ich würde mit drei Menschen, mit denen ich seit Jahren zusammenarbeite und denen ich vertraue, etwas schaffen, das unterschiedliche Charaktere zusammenbringt und so einen gesellschaftlichen Austausch erzeugt. Die Zukunft lag vor meiner Haustür, genau da, wo ich mich am wohlsten fühlte.

Also entschied ich zu bleiben. Nikol jubelte, als ich ihr meinen Entschluss mitteilte. Robert und Karsten wollten ebenfalls mitmachen. Wir trafen uns mit Vitek, und er war überglücklich, dass wir den Laden weitermachen wollten. Finanziell einigten wir uns auch ziemlich schnell, denn um Geld ging es in diesem Moment schließlich nicht.

Wir renovierten gemeinsam das Mysliwska und organisierten dann eine Rieseneröffnungsparty über drei Tage. Alle Gäste, Freunde und Bekannten kamen, auch sie hatten gehofft, dass alles einfach so weiterlief wie bisher.

Unter uns vier Eigentümern wurde vereinbart, dass jeder jeweils zwei Tage und zwei Nächte die Woche in der Bar arbeiten sollte. Ansonsten gab es keine festen Regeln, jeder machte einfach das, was er für richtig hielt. An manchen Abenden gab es eine Party, an anderen nicht, an manchen Abenden verdienten wir gut, an anderen weniger. Wichtig war, dass jeder sein Bestes gab und sich für die Sache einsetzte. Ich stand donnerstags und samstags hinter der Theke. An zwei Tagen putzte ich den Laden.

Wie viel Natur hat die Stadt zu bieten?

Anfangs fühlte es sich super an, Mitbesitzerin des Mysliwska zu sein. Aber nach einem Jahr merkte ich, wie die Arbeit bis spät in die Nacht an meinen Kräften zehrte. Mein Rhythmus kam völlig durcheinander. Ich brauche den Tag und die Energie des Tages. Ich war tagsüber nur noch erschöpft, und auch die Arbeit draußen in der Natur vermisste ich mehr und mehr.

Genau zu dieser Zeit sprach mich Norbert, ein befreundeter Hochschullehrer an, ob ich nicht Lust hätte, ihn bei einem Forschungsprojekt in den USA zu unterstützen. Es ging um die Untersuchung der Biodiversität – also der biologischen Vielfalt – auf innerstädtischen Brachflächen in New York, Los Angeles und San Francisco. Ein stadtökologisches Forschungsprojekt über sechs Wochen. Reisen und Forschen! Ich sagte begeistert zu.

Die ersten zwei Wochen untersuchten wir Brachflächen in San Francisco. Ich kannte zwar schon viele Pflanzen, aber vor allem jene, die man in Gärten verwendet. Die meisten Gräser und Stauden im innerstädtischen Gebiet waren mir fremd. Götterbaumwälder, wie es sie auf den Brachen und entlang der Gleise in den großen Städten gab, hatte ich bis dahin noch nie gesehen.

Norbert kannte alle Pflanzen und dazu ihre Einwanderungsgeschichten. Ich sammelte und beschriftete und entdeckte eine ganz neue Welt. Wir konzentrierten uns vor allem auf Straßenränder in besiedelten Gebieten, auf Industriebrachen und auf alle Grünflächen im städtischen Bereich. Was für eine abgefahrene Natur, mitten in der Großstadt!

Die letzten drei Wochen verbrachten wir in New York, wo wir mit Kollegen vom *Brooklyn Botanic Garden* ebenfalls Brachflächen untersuchten, vor allem am Hudson River. Damals kam die Idee auf, bestimmte Flächen als Naturschutzgebiete auszuweisen, weil deren Artenvielfalt so einzigartig ist.

Auch in Berlin gab es bereits ein innerstädtisches Naturschutzgebiet, das erste seiner Art weltweit: das Schöneberger Südgelände am Priesterweg. Früher war das Gelände ein Güterbahnhof gewesen, und viele Züge aus ganz Europa hatten dort gehalten. Weil das Gelände jahrzehntelang brachlag, eroberte die Natur die Fläche zurück. Einige fremdländische Arten haben sich angesiedelt und erfolgreich etabliert. Die Artenvielfalt am Gleisdreieck ist in Europa einzigartig.

Das Forschungsprojekt in den USA hat meinen Blick für die Natur in der Stadt geschärft. Ich verliebte mich geradezu in die Brachflächen, in diese Orte des Chaos und der Freiheit, deren Vielfalt mit dem Zufall und dem Einfluss der Umgebung zu tun hat. Ich finde diese Flächen für eine Stadt unerlässlich. Sie bieten wunderbare Freiräume für alle, die in ihrer Nachbarschaft leben.

Ein harmonisches Leben

Zurück in Berlin, musste ich mich neu organisieren. Ich reduzierte die Arbeit in der Bar auf eine Nacht pro Woche und fing wieder an, als Landschaftsgärtnerin zu arbeiten. Ich musste es irgendwie hinkriegen, meinem Leben eine klarere Struktur zu geben. Zu viel von einer Sache war auf Dauer nicht gut für mich. Deshalb versuchte ich jetzt, meine beiden Berufe unter einen Hut zu kriegen.

Ich fing an, Privatgärten zu pflegen, weil man da wenig motorisierte Maschinen einsetzt. Ich hatte ja keine Garage, in der ich Maschinen unterstellen konnte, und für den Transport größerer Geräte war mein Kastenwagen auch nicht wirklich geeignet.

Aber die kleineren Sachen, die konnte ich alle machen: Unkraut jäten, Gehölze schneiden, Stauden düngen, Teilbereiche im Garten umgestalten, wenn sie nach vielen Jahren nicht mehr dem Wunsch des Besitzers entsprachen. Falls doch einmal etwas Größeres anfiel, holte ich meinen alten Chef Andreas zu Hilfe, der war bestens ausgerüstet.

Meine Kunden waren sehr zufrieden und empfahlen mich weiter, einige betreue ich bis heute. Wegen meiner Einnahmen vom Mysliwska bin ich finanziell nicht auf das Gärtnern angewiesen. Ich kümmere mich nur um die Gärten, die mir wirklich gut gefallen.

Mein Leben hatte wieder eine Struktur bekommen, aber irgendetwas fehlte mir. Ich hatte das Gefühl, dass es Zeit war, auf meinem Weg wieder einen Schritt weiter zu gehen, und ich fing an, von den Bergen zu träumen und auch von der Weite. Im Mysliwska konnte ich mich für ein paar Monate frei machen, da die anderen mir anboten, in dieser Zeit meine

Arbeit für mich zu erledigen. So ging ich die Sommermonate über nach Norwegen, um eine Konferenz im Norwegischen Nationalpark Jostedalsbreen vorzubereiten.

Dort war es wieder total einsam, ich hielt das kaum aus. Obwohl die Aussicht wundervoll war. Ich wohnte direkt an einem See, aus dem man das glasklare Wasser trinken konnte. Der Gletscher im Hintergrund, die Berge, das Grün, das Rauschen der Wasserfälle – das einzige Geräusch, das man hörte: Schöner geht's nicht, dachte ich. Einige Male bestieg ich auch die Gletscher. Es war unfassbar schön, durch dieses ewige Eis zu gehen, es unter den Füßen splittern zu hören, die tausend verschiedenen Blautöne schimmern zu sehen.

Genau in dieser Zeit rief mich Nikol einige Male nachts an und erzählte mir, dass der Tourismus in der Schlesischen Straße, in der das Mysliwska liegt, plötzlich neue Ausmaße annahm. Einmal brüllte sie ins Telefon: »Es sind 2000 Leute in der Bar, du kannst es dir nicht vorstellen!«

Das konnte ich wirklich nicht, vor allem nicht in meiner Stille und Abgeschiedenheit mitten in der norwegischen Natur. Doch im August fuhr ich für ein paar Tage nach Berlin, und dort traf mich fast der Schlag: Menschenmassen schoben sich durch die Schlesische Straße. Unsere kleine Bar! Was war denn hier los? So viele Leute hatte ich noch nie in dieser Straße gesehen. Sie saßen draußen und drinnen, und am Wochenende war überhaupt kein Durchkommen mehr auf den Bürgersteigen.

Man könnte meinen, ich als Barbesitzerin hätte mich freuen müssen. Aber das konnte ich nicht. Plötzlich waren überall Gruppen von jungen Berlin-Besuchern, die sich aufführten, als gäbe es hier keine Grenzen. So hatte ich mir die Zukunft von unserer Bar nicht vorgestellt. Klar, erhöhten sich mit der

Besucherzahl auch unsere Einnahmen. Mit dem Geld, das ich dort verdiene, kann ich bis heute meinen Lebensunterhalt bestreiten. Die Bar ist jedoch mehr als nur ein Ort, an dem wir Geld verdienen wollen. Das Mysliwska ist ein Zuhause für uns. Wir vier sehen die Bar nicht als einen Beruf, sondern eine Verbindung aus Arbeit und Freundschaft. Ein Lebensgefühl eben. Und das deckt sich nicht mit dem Interesse der Touristenströme, die in die Bar einfallen und so ihren ganzen Charakter verändern.

Natürlich ist bei uns jeder willkommen, aber in erster Linie wollen wir eine gute Bar sein, die davon lebt, dass viele Leute immer wiederkommen. Und – wenn sie kommen – dass sie bleiben und etwas zum Abend beisteuern.

Nachdem die Konferenz in Norwegen vorbei war, kam ich im Herbst 2004 nach Hause zurück – aus der Einsamkeit mitten hinein in den Berliner Trubel. Wieder einmal stand ich vor der Frage, wie ich leben wollte. Einfach so weitermachen wie vorher? Gärtnern und einmal pro Woche in die Bar? Kreuzberg hatte sich verändert, das Mysliwska hatte sich verändert – und ich?

So oft in den Jahren zuvor hatte ich gemerkt, wie viele unterschiedliche Wesenszüge und Bedürfnisse in mir schlummern. Und dass ich erst herausfinden muss, wo für mich selbst die Balance liegt. Nur die Natur und die Einsamkeit konnte ich nicht aushalten – ohne ging es aber auch nicht. Tag und Nacht in der Bar zu stehen, war toll – aber letztlich war ich dafür nicht gemacht.

Es war klar, dass ich mein Lebensmodell noch nicht gefunden hatte. Vielleicht würde ich auch für immer eine Suchende bleiben, immer offen für Neues. Mich interessierte einfach so viel; es gab so viele Dinge, die ich noch ausprobieren wollte, so viele Orte, die ich noch sehen wollte.

Und letztlich war ich auch nie unglücklich gewesen. Ich denke, das liegt daran, dass ich die Fähigkeit habe, mich immer neu zu orientieren. Flexibel zu sein und mich an neue Orte und neue Situationen anzupassen. Mich immer wieder zu fragen: Ist es das, was ich will? Ist mein Leben gerade lebenswert? Und wenn ich zu dem Schluss komme, dass ich auf der falschen Spur bin, dann wechsle ich sie.

So war es auch 2004, als die Bienen in mein Leben kamen. Und wie so oft, hatte der Zufall die Hände im Spiel.

Urban Beekeeping in Detroit:
Eine gute Idee entwickelt sich

Als ich nach dem Aufenthalt in Norwegen zum ersten Mal wieder im Mysliwska war, wartete dort Stéphane auf mich. Damals wusste ich von ihm nur, dass er Architekt war. Er kam an den meisten Donnerstagen in die Bar, denn da fand im Mysliwska eine Art Architekten-Stammtisch statt. Ich hatte mich ein paarmal mit ihm unterhalten, und dabei erzählte er mir, dass er einige Jahre in London und Paris für renommierte Büros gearbeitet hatte. Damals dachte ich, dass das gar nicht so recht zu dem zurückhaltenden, kleinen Korsen passte.

An diesem Abend im Januar fragte mich Stéphane, was ich über Bienen dachte.

Über Bienen? Ich erzählte ihm, dass mein Großvater Imker war, dass ich gerne Honig aß, aber ansonsten eigentlich nicht viel über Bienen wusste.

Stéphane erzählte mir, dass er bei einem Wettbewerb mitmachen wollte, der *Shrinking Cities* hieß. »Für den Wettbewerb *Schrumpfende Städte*«, zitierte er, »sollen Architekten, Wissenschaftler und Künstler Ideen vorschlagen, die in den vier ehemaligen Industriestandorten Detroit, Ivanovo, Manchester / Liverpool sowie Halle / Leipzig entwickelt werden können.« Der Wettbewerb war von der Kulturstiftung des Bundes ausgeschrieben.

»Ich habe mir die Stadt Detroit ausgesucht, denn da ist die Situation am extremsten. Detroit schrumpft seit den 50er Jahren. Im Stadtgebiet wohnten früher, in den Hochzeiten um

1920, zwei Millionen Menschen, heute sind es nur noch knapp 700 000. Deshalb gibt es in Detroit sehr viele Brachflächen und verlassene Gebäude. Ich habe mir überlegt, dass Bienen die Lösung sind. Wir könnten einen Vorschlag einreichen, wie man Bienenvölker in den verlassenen Häusern ansiedelt. Bienen als neue Bewohner Detroits.«

Stéphane, das war klar, interessierte sich für Orte, die nicht im Interesse der meisten anderen liegen, weil es scheinbar unlösbare Probleme dort gab. Noch heute bewundere ich sein Vermögen, komplexe Zusammenhänge zu analysieren und Ansätze für Veränderungen zu suchen. Trotzdem war ich damals im Mysliwska total erstaunt, wie er auf diese zugegebenermaßen geniale Idee gekommen war.

»Weißt du, neulich stand ich im Supermarkt und habe mich gefragt, warum Honig so viel teurer ist als Marmelade, obwohl man für die Herstellung von Marmelade hohe Produktionskosten hat. In Detroit gibt es heute im Vergleich zu damals kaum Arbeitsplätze und auch weniger Arbeitskräfte. Wenn wir eine Imkerei aufbauen, sind die Bienen diejenigen, die produzieren. Die Bienen sind unsere Arbeitskräfte!«

»Aber warum eigentlich wir?«, fragte ich.

»Ich brauche dich für das Projekt. Du hast doch einen Abschluss als Gartenbauingenieurin?«

»Das stimmt, aber …«

»Ich brauche dich als Partnerin für das Projekt. Ich bin Architekt, und du weißt so viel über die Natur. Außerdem hast du doch schon in Amerika über Brachflächen geforscht, oder?«

Er hatte recht, wir hatten schon oft über das Thema urbane Brachflächen gesprochen, weil es mir seit dem Projekt in San Francisco und New York nicht mehr aus dem Kopf gegangen war. Ich wusste, man musste diese Flächen mehr ins städtische Leben einbeziehen, hatte aber keine Lösung gesehen, wie das funktionieren konnte, ohne die Artenvielfalt zu zerstören. Stéphanes Vorschlag, *Urban Beekeeping* in Detroit zu betreiben, traf bei mir also genau ins Schwarze. Ich war sofort Feuer und Flamme.

Gemeinsame Arbeit, gemeinsame Liebe

Ab dann trafen wir uns immer Montag bei Stéphane. Er wohnte schon damals im Pallasseum auf dem Gelände des ehemaligen Sportpalastes in Schöneberg, einem langen, zwölfgeschossigen Riegel aus den 70er Jahren in einer kleinen Zweizimmerwohnung mit Balkon.

Wir redeten viel an diesen langen Montagabenden und fanden heraus, dass wir nicht nur das Interesse an Bienen teilten. Wir hatten eine ganz ähnliche Auffassung vom Leben und von der Arbeit, und das wirkte sich auf unser Projekt aus.

Ich war dafür verantwortlich, die soziale Struktur Detroits zu erfassen, während Stéphane große Bienenhäuser entwarf. Wir studierten die Arbeitspapiere über Detroit, die Forschungsergebnisse von *Shrinking Cities.*

Ich besorgte mir Bücher und las von der aufregenden Geschichte Detroits, davon, dass Henry Ford das erste Fließband in der Autoindustrie erstellte, wodurch das Model T in Massenproduktion hergestellt werden konnte. Damit wurde der Grundstein gelegt für das, was in den nächsten Jahren überall in der westlichen Welt nachgeahmt werden sollte: Die Fabrikarbeiter erhielten so viel Lohn, dass sie anfingen zu konsumieren. Es wurden kleine billige Häuser aus dem Boden gestampft, jeder konnte sich ein Auto leisten, es wurden Straßen gebaut, innerstädtische Autobahnen – noch heute ist

Detroit als *Motor City* bekannt. *The Big Three,* General Motors, Ford und Chrysler, verschafften der Stadt einst einen fast märchenhaften Aufschwung. Es wurden Theater eröffnet und große Kaufhäuser. In Detroit stand viele Jahre lang das größte Kaufhaus Amerikas, das J. L. Hudson, bis es in den 90er Jahren gesprengt wurde, nachdem es viele Jahre leer gestanden hatte. In den 20er und 30er Jahren kamen sehr viele Menschen nach Detroit: Iren, Italiener, Deutsche, Osteuropäer und Afroamerikaner. Alle wollten in Detroit Geld verdienen.

Dann kam der Zweite Weltkrieg, und in den großen Maschinenhallen wurde für die Rüstung produziert. Später, ab den 50er Jahren, wurden viele Fabriken ins Umland verlegt, weil man Angst vor Revolten und Brandanschlägen hatte. Die Fabriken in der Stadt schlossen. Diejenigen Firmen, die nicht nach Michigan umzogen, gingen nach Mexiko, um dort billiger zu produzieren. Viele Arbeiter, die es sich nicht leisten konnten, der Fabrik hinterherzuziehen, verloren ihre Arbeit. Es waren vor allem die Afroamerikaner, die man nicht in den schönen weißen Vororten haben wollte.

Ein Teufelskreis begann. Der Rassismus in der Stadt wurde immer schlimmer, die Arbeitslosigkeit höher, die Stimmung aggressiver. Es kam zu Riots. Leerstehende Häuser wurden angezündet, die Situation spitzte sich weiter zu. Alle, die die Stadt verlassen konnten, flohen. Diejenigen, die zurückblieben, organisierten sich.

Heute findet man überall in der Stadt Nachbarschaftsorganisationen, Menschen, die mit dem wenigen, das ihnen geblieben ist, umgehen und das Beste daraus machen. In den 90er Jahren beeinflusste ein neuer Musiktrend aus Detroit die Welt: Techno, aus den ehemaligen Industriehallen. Eine neue Generation kam und fing an, das, was es noch gab, für sich zu nutzen. Dann, um die Jahrtausendwende, kam die urbane Landwirtschaft. In Detroit gibt es heute mehr als tausend Gemeinschaftsgärten, verteilt über die gesamte Stadt.

Das war die Vergangenheit, die wir mit unserem Bienenprojekt ein ganz kleines Stück bewältigen wollten. Diese positive Energie, die es seit ein paar Jahren in Detroit gab, sich aufzurappeln und etwas Neues zu beginnen, wollten wir aufgreifen.

Es gab also schon viele Ansätze und Ideen, die riesigen Brachflächen zu nutzen. Dennoch war *urban beekeeping* 2004 noch nicht so bekannt oder gar im Trend wie heute. Alle, denen wir von unserer Idee erzählten, dachten, wir seien verrückt geworden.

Auch für mich war es am Anfang ungewohnt, Imkerei nicht so zu denken, wie mein Opa sie betrieben hat, geruhsam im Garten hinterm Haus. Erst als ich auf Youtube Videos von David Graves gesehen habe, konnte ich die Imkerei in Einklang bringen mit dem, was sein Leben lang die Leidenschaft meines Opas gewesen war. David Graves, ein besonnener Mann mit grauen Haaren und tiefen Lachfalten im Gesicht, imkert hoch über den Dächern von New York und erobert dadurch Nutzflächen, die vorher niemanden interessiert haben. Und als ich von dem Theaterdekorateur Jean Paucton erfuhr, der seit 1985 auf dem Dach seines Arbeitsplatzes, der Opéra Garnier in Paris, Bienenvölker hält, weil er imkern so sehr liebt, wusste ich schon insgeheim, dass das auch etwas für mich sein könnte. Bienen, auf den Dächern von Berlin.

Innerhalb von sechs Wochen entwarfen Stéphane und ich unseren Projektbeitrag: Bienenhäuser, so groß wie Autos. Jedes Haus sollte neun Bienenstöcke fassen und etwa drei Meter lang sein, damit sie in den riesigen Straßenschluchten nicht so verloren wirkten. Außerdem schlugen wir vor, auf den verwilderten Flächen Blumenwiesen auszusäen, um noch mehr Nahrungsquellen für die Bienen zu schaffen.

Nachdem wir unseren Beitrag eingereicht hatten, fuhr Stéphane für vier Wochen zu seiner Familie nach Korsika. Bis dahin war ich ausschließlich auf unser Projekt konzentriert gewesen und hatte Romantik gar nicht im Sinn gehabt. Aber nachdem er abgereist war, fehlte er mir sehr, und ich merkte, dass uns mehr verbindet, als nur die gemeinsame Arbeit an dem Projekt. Bei einem unserer Gespräche hatte Stéphane mir erklärt, warum er nicht mehr in einer Maschinerie stecken wollte, in der er 17 Stunden am Tag rotierte. Er war lieber nach Berlin gezogen, um Dinge zu tun, die ihm wirklich wichtig sind. Denken zum Beispiel. Mir wurde klar, dass ich in ihm einen Menschen gefunden hatte, mit dem ich nicht nur meine Interessen, sondern auch meine Suche teilen konnte.
Als Stéphane wieder zurück in Deutschland war, führte ihn sein erster Weg ins Mysliwska. Ohne ein Wort zu sagen, fielen wir uns gleich um den Hals und küssten uns.

Gleichgesinnte

Den *Shrinking Cities*-Wettbewerb gewannen wir nicht, aber dafür fanden Stéphane und ich Freunde. Die Präsentation der Projekte und die Preisverleihung fanden in Berlin statt, da der Wettbewerb von der Kulturstiftung des Bundes initiiert worden war. Bei diesen Veranstaltungen lernten wir Detroiter Künstler kennen, die zur Ausstellung Beiträge aus ihrer Stadt lieferten.

Wir merkten sofort, dass wir auf der gleichen Wellenlänge waren. Mit ihnen konnten wir uns intensiv über das austauschen, was wir bis dahin nur aus Büchern kannten: über ihre Stadt, über das Leben dort, darüber, auf was sie verzichten, um an so einem legendären Ort zu leben. Mit der Zeit wurden wir immer neugieriger und versprachen, unsere neugewonnenen Freunde in Detroit zu besuchen.

Im September 2004 fuhren wir zum ersten Mal für vier Wochen dorthin. Ich war total aufgeregt, schließlich hatte ich bis dahin noch nie eine arme Stadt im Westen besucht. Eine Stadt an der Armutsgrenze.

Wir wurden herzlich aufgenommen. Mitch und Gina, die in Hamtramck wohnten, einem ehemals polnischen und heute indischen Stadtteil, der verwaltungstechnisch nicht zur City of Detroit gehört, aber mittendrin liegt, hatten ein kleines Haus für Stéphane und mich ganz in der Nähe organisiert. Angenehm war, dass es in dem Viertel sogar einen Supermarkt gab, wo wir einkaufen konnten.

Das ist in Detroit in der Innenstadt nicht üblich. Wenn man sich mit den Dingen des täglichen Bedarfs eindecken möchte, muss man ins Auto steigen und in die Suburbs fahren. Außer am Samstag, da findet am Eastern Market immer ein Gemüsemarkt statt, wo die Farmer aus Michigan ihr Obst und Gemüse verkaufen. Immerhin ist Michigan nach Kalifornien der amerikanische Staat mit den meisten Beschäftigten in der Landwirtschaft. Sie ist nach der Autoindustrie der größte Produktionszweig des Staates.

Wir hatten kein Auto ausgeliehen, sondern nur zwei Fahrräder, um die Stadt zu erkunden. Stéphane hatte sein eigenes Rad mitgenommen, ich kaufte mir eines für vierzig Dollar.

Damit fuhren wir jeden Tag durch die Straßen, um die Ruinenstadt mit den vielen verwilderten Brachflächen dazwischen zu erkunden.

Apokalyptische Atmosphäre

Die Stimmung in Detroit ist surreal. Man kann kilometerweit mit dem Fahrrad fahren, ohne einer Menschenseele zu begegnen. Das war mal die viertgrößte Stadt der USA, gemessen an der Bevölkerung! Erst jetzt begriff ich das, was ich mir auf dem Papier theoretisch bereits während des Projekts erarbeitet hatte. Es gab einfach kaum Menschen auf diesem riesigen Areal, und wenn man Menschen sah, waren es vor allem Afroamerikaner, die unterhalb der Armutsgrenze lebten. Die Straßen waren meist voller Schlaglöcher und übersät mit Glasscherben, so dass wir täglich unsere Reifen flicken mussten.
Überall stießen wir auf Götterbaumwälder, die sich vor vielen Jahren spontan ausgesät hatten und sich munter vermehrten. Die von Menschen gepflanzten Straßenbäume waren schon seit vielen Jahren nicht mehr gestutzt worden. Viele dieser Bäume waren über dreißig Meter hoch, sie rankten sich um die elektrischen Leitungen, bildeten bizarre Formen, wucherten über baufällige Häuser, wuchsen kreuz und quer. Manchmal fanden wir Trampelpfade, die die Brachflächen hier und da durchkreuzten. An den Straßenlaternen, die teilweise mitten in der Wildnis standen, konnte man erkennen, dass es früher dort Häuser gegeben haben musste. Sogar die kleinen Parzellen, die ein Grundstück markierten, konnte man noch erkennen, alle gleich groß, etwa neun Meter breit und dreißig Meter lang.

Auf alten Luftaufnahmen, die wir in Büchern fanden, konnte man noch deutlicher sehen, wo einmal Zivilisation gewesen war, die sich die Natur zurückerobert hatte. Wir staunten, wie dicht das alles einmal besiedelt gewesen war und wie wenig heute davon übrig ist.

Unsere Freunde aus Detroit haben sich bewusst entschieden, dort zu leben. Sie verzichten auf all das, was Spaß macht in einer Stadt: Cafés, Restaurants, Kinobesuche, Konzerte. Wenn in Detroit etwas stattfindet, dann hat es jemand ehrenamtlich für die anderen organisiert. Hands on.

Die Leute, die uns aufnahmen, waren von unserer Bienen-Idee begeistert. Alle fanden sie schräg, doch keiner konnte wirklich etwas damit anfangen. Aber wir haben ihre Neugierde geweckt. Überall hieß es: *These are the Germans with the gigantic beehives.*

Zwei Jahre später kam es in Amerika zu einem gigantischen Bienensterben, hervorgerufen durch das Phänomen *CCD, Colony Collapse Disorder.* Im Winter 2006/2007 wurden dadurch die Bienenvölker, die in Nordamerika zur Bestäubung eingesetzt sind, um 70 Prozent dezimiert. Diese Nachricht ging weltweit durch die Presse, denn ein Bienensterben hat dramatische Folgen. Die Verknappung von Nahrungsmitteln, wenn die Bestäubungsleistung der Honigbienen ausfällt, löst überall Angst aus. Plötzlich waren die Bienen bei allen Menschen im Gespräch. Nun füllten sich die Seiten im Internet über Bienen, Bienenhaltung, Einsatz der Honigbiene zur Bestäubung, Bienenkrankheiten. Das bis dahin weitgehend vernachlässigte Hobby Imkern erfreute sich auf einmal großer Beliebtheit.

In Amerika, wo sich Bienenhaltung in den vergangenen 150 Jahren genauso industriell entwickelte wie die Agrarwirtschaft, steht man heute vor großen Problemen und Herausforderungen. In Nordamerika ist die Europäische Honigbiene, *Apis mellifera,* nicht heimisch. Die ersten Siedler brachten sie im 17. Jahrhundert mit ins Land, auf den ersten Schiffen nach Nordamerika wurden Bienen und Kleesaat mitgenommen. »Die Fliege des weißen Mannes«, wie sie von den Ureinwohnern genannt wurde, breitete sich in den folgenden Jahrhunderten immer weiter über den Kontinent aus.

400 Jahre später, als die Industrialisierung in Gang kam, fing man an, Bienenvölker auf Lastwagen zu verladen und zur Bestäubung an verschiedene Standorte zu transportieren. Was an sich kein Problem für die Bienen darstellt, denn sie haben eine exzellente Orientierung und sind sehr flexibel, wenn es darum geht, sich auf eine neue Umgebung einzustellen. Doch dann kamen in Kalifornien die Mandelplantagen auf, und damit begannen die Probleme. Denn die aus dem Mittleren Osten stammenden Mandelbäume blühen dann, wenn die *Apis mellifera* noch in der Winterruhe ist. Deshalb musste man die Bienen entsprechend manipulieren, um schon vier Wochen früher große Volksstärken zu entwickeln, die die nötige Bestäubungsleistung erbringen konnten.

Die Bezahlung der Bestäubung richtet sich nach der Volksstärke. Auf den heute meilenweit reichenden kalifornischen Monokulturen werden eine Million Bienenvölker aufgestellt. Die größte Befruchtungsanlage der Welt sozusagen. Die Imker verdienen dabei mehr als im übrigen Jahr, wenn die Bienen andere Kulturen bestäuben, und mehr als bei der Honiggewinnung.

Die Bienen sind durch diese industrielle Haltung vielen ungünstigen Einflüssen ausgesetzt: verfrühter Biorhythmus, einseitige Ernährung – weil die Mandelblüte kaum Nektar trägt, bekommen die Tiere ein Gemisch aus Pollenpaste und Zuckersirup –, Krankheitsübertragung, weil viele Bienen auf sehr engem Raum stehen, wodurch Viren und Bakterien verschleppt werden. Hinzu kommt, dass die Vermehrung der Bienenvölker ebenso industriell stattfindet und die Bienen an genetischer Verarmung leiden.

Noch sind die Ursachen für das rätselhafte Bienensterben nicht ausreichend erforscht, zu komplex sind die biologischen und ökologischen Zusammenhänge. Aber die Industrialisierung der Imkerei weist viele Merkmale auf, die es zumindest begünstigen. Auch wenn dies nicht der alleinige Grund für die Dezimierung der Bienenvölker sein muss, zeigt es uns doch, dass wir zu weit gegangen sind. Zum Glück wird viel geforscht und entwickelt, und es gibt immer mehr Imker, die neue Ideen entwickeln oder alte Methoden wieder aufgreifen.

Die Bienenbewegung

Uns und unserem Projekt haben diese Entwicklungen große Aufmerksamkeit beschert. Bienen sind seither in aller Munde. Auch die Stadt Detroit ist hellhörig geworden, was *urban beekeeping* betrifft. Natürlich wäre es schön, wenn sich irgendwann einmal jemand findet, der unsere Idee für Detroit umsetzt. Aber dazu bräuchte man jemanden vor Ort, der viel Zeit investieren kann.

Wir arbeiten weiter daran, verbessern und diskutieren verschiedene Möglichkeiten der Umsetzung. Es ist auch schwierig, an einem Ort aktiv zu werden, wenn man selbst nicht dort lebt. Die Menschen in Detroit brauchen niemanden von außen, der ihnen Anweisungen gibt. Sie wurden zu oft enttäuscht. Sie wollen nicht in Vorleistung gehen, weil sie denken, sie würden sie verlieren. Man muss sehr behutsam sein.

Wir möchten die Brachflächen wieder nutzen, nur einen Teil davon. Sie gehören der Stadt Detroit, und wir müssen sie auch gar nicht besitzen. Eine temporäre Nutzung, um die Bienen zu ernähren, wäre für uns und auch für die Entwicklung der Stadt sinnvoll. Aber vermutlich wird es noch einige Zeit dauern, bis sich da etwas bewegt. Noch gibt es keine genehmigte landwirtschaftliche Nutzung der stadteigenen Flächen, die rechtliche Situation ist unklar. Zwar werden die wie Pilze aus dem Boden geschossenen Gemeinschaftsgärten geduldet, trotzdem könnte die Stadt dem Treiben auf den Brachflächen jederzeit ein Ende setzen.

Alles braucht seine Zeit. Detroit hat gerade erst angefangen, zu leben und über seine Zukunft nachzudenken. Es ziehen mehr und mehr junge Menschen dorthin, kaufen sich Häuser für ein paar hundert Dollar und versuchen, sich eine Existenz aufzubauen. Es gibt bereits einige Imker, die den vorzüglichen *Wild Detroit Honey* von den Wildblumenwiesen südlich der berüchtigten *8 Mile Road* ernten.

Bislang bin ich schon zufrieden damit, wenn wir den Raum und die Freiheit bekommen, eine neue Art der Imkerei zu denken. Eine Imkerei, die ohne Medikamente auskommt, in der man die Lebensbedingungen der Bienen verbessert, um sie gesund zu erhalten, auch für die kommenden Generationen. Mittlerweile arbeiten wir mit einem Imker aus Michigan zusammen, Mel Disselkoen, der seit 25 Jahren medikamentenfrei Bienen vermehrt, mit großem Erfolg.

Mit vielen Interessierten und Gleichgesinnten diskutiere ich neue Modelle, wie Imkern in der Zukunft aussehen kann. Ich denke dabei zum Beispiel an eine große Imkerei, an der sich viele beteiligen. Alle wenden dieselbe Methode an, alle sind am Gewinn beteiligt, alle teilen sich die guten Bienenweiden, alle arbeiten zusammen.

Stéphane und ich fahren mittlerweile jedes Jahr nach Detroit, unsere Freundschaften dort haben sich verfestigt. Was mir immer besonders gut gefällt, ist die Stimmung, die positive Grundeinstellung zum Leben, die unsere Freunde haben. Sie verzichten auf vieles, was wir heute als unerlässlich für ein modernes Leben erachten, aber sie werden für ihren Verzicht auch reich entlohnt. Denn sie haben in Detroit die Freiheit, so zu leben, wie es ihnen gefällt, und sie haben die Chance, etwas ganz Neues zu schaffen und die Umgebung wieder lebenswert zu gestalten.

Dabei geht es nicht darum, all das zu etablieren, was in anderen Städten den Status quo darstellt. Unsere Freunde – darunter sind Imker, Architekten, Grafikdesigner, Künstler, Priester, Fotografen und Lehrer – wollen einen Schritt weiter gehen, sie wollen ein besseres, ein nachhaltigeres Leben gestalten, sie wollen die Zukunft.

Von der Theorie zur Praxis:
Ich werde Imkerin

Die vielen Zeichnungen von Bienenständen und Bienen-häusern, die Stéphane mir zeigte, seine Art, von den Bienen zu reden, seine Andeutungen, was sie brauchten, was sie konnten – all das infizierte mich so richtig mit dem Bienenfieber. Ich träumte davon, selber Bienen zu haben. Eigentlich bin ich keine Theoretikerin, es liegt mir viel mehr, die Dinge anzupacken, statt immer nur zu reden. Und doch war ich mir nicht sicher, ob ich das überhaupt könnte, imkern. Das bedeutete schließlich, sehr stark örtlich gebunden zu sein, und auch den Zeitaufwand wollte ich nicht unterschätzen.

Deshalb vergrub ich mich erst einmal in Büchern. Ich las alles, was ich über Bienen finden konnte, welche Möglichkeiten es überhaupt gab, Bienen zu halten, welche Voraussetzungen man mitbringen muss. Ich las Geschichten über Imker, die klassische Bienenhäuser haben, auf dem Land, in der Stadt, auf dem Dach, im Garten. Ich las Bienengeschichten aus der ganzen Welt, erkannte, dass seit Tausenden von Jahren ge-imkert wurde, immer der Umgebung, dem Wetter und den Traditionen des jeweiligen Ortes entsprechend.
Der natürliche Lebensraum der Bienen ist der Wald, weshalb es in früheren Zeiten nur Waldimker gab, die sogenannten Zeidler. Sie mussten den Bienen, die in Baumhöhlen lebten, den Honig regelrecht klauen.
Das Wort Zeidler kommt vom Slawischen »zidaln«, was so viel heißt wie Honigwaben ausschneiden. Der Ursprung der Im-

kerei lag also in den großen Wäldern Osteuropas, von wo aus sich diese Kulturtechnik langsam nach Westen ausbreitete.

Honig war ein sehr kostbares Gut, und es wurde in großen Mengen nach Westeuropa exportiert. Damals war Honig auf dem Hamburger Markt das am dritthäufigsten verkaufte Produkt aus Russland, gleich nach Pelzen und Flachs. Die Handelswege verliefen über Danzig, Breslau, Prag und Wien – was auch der Grund dafür sein dürfte, dass dort so köstliche Backwerke wie Danziger Honigkuchen, Dresdner Stollen und Wiener Torten entstanden.

Nürnberg hatte eine Sonderstellung. Die Bewohner Nürnbergs bekamen um 1350 die Zeidlerrechte, weil sie vom Reichswald umgeben waren und deshalb viel Honig ernten konnten. Mit diesem Honig stellte man dann die köstlichen Nürnberger Lebkuchen her.

Lange Zeit wurden Bienen in Baumhöhlen gehalten, später dann in Tonröhren oder geflochtenen Körben. Um 1880 wurde die Magazinbeute mit den beweglichen Rähmchen entwickelt: In Amerika war es der aus Philadelphia stammende Pastor und leidenschaftliche Imker Lorenzo Langstroth und in Europa der aus Oberschlesien stammende Priester Johann Dzierzon. Das hat die Imkerei maßgeblich verändert. Als Nächstes kam die Entwicklung der Mittelwände für die Rähmchen hinzu, also Wände aus Wachs, die man in die Holzbeuten einhängen kann. Es dauerte nicht lange, dann wurde die Schleuder entwickelt, und die Grundlagen für die moderne Imkerei waren geschaffen.

Erst durch meine Lektüre wurde mir klar, dass immer schon ganz selbstverständlich in Städten geimkert wurde. Heute mutet uns das komisch an, aber früher hielt man die Bienen stets im Herzen der Stadt. Da waren sie gut geschützt vor

Feinden, weil sie einen sehr kostbaren Stoff erzeugten: den Honig – in früheren Zeiten das einzige Süßungsmittel, das es bei uns gab.

Die Ersten, die die urbane Imkertradition der Öffentlichkeit zeigten, waren Imker aus New York und Paris. Menschen, die in der Stadt wohnten und arbeiteten und in ihrer nahen Umgebung Bienenvölker aufstellen wollten. Genau so, als würden sie auf dem Land die Bienenvölker in ihren Garten stellen.

Das faszinierte mich. Ich besitze keinen Garten und habe auch kein eigenes Haus. Wo also sollte ich Bienen unterbringen? Die einzige Möglichkeit, die ich sah, war, sie auf ein Dach zu stellen, das nicht anderweitig genutzt wurde. Ein positiver Nebeneffekt wäre, dass meine Bienen somit auch vor Diebstahl und Vandalismus geschützt wären. Mein Traum wurde immer detaillierter, ich stellte mir schon vor, wie die Bienen vom Dach aus schön in die nächsten Baumkronen fliegen könnten, ohne Hindernis. Ihnen würde eine ganze Ebene der Stadt gehören, mit der die Menschen nichts anfangen konnten. Ein Bienenreich!

In einer Stadt wie Berlin leiden Bienen auch keinen Mangel. Die guten Nektar- und Pollenquellen sind praktisch überall: Parkanlagen, Friedhöfe, Alleen, Schrebergärten, Hausgärten, Gründächer, Brachflächen, Verkehrsinseln, Wälder, Gärtnereien, landwirtschaftlich genutzte Felder und Wiesen. Da das Klima in der Stadt im Durchschnitt zwei bis drei Grad wärmer ist als auf dem Land, können die Bienen morgens früher und abends länger fliegen. Städte sind heute sogar Rückzugsorte für die Bienen, da sich die Artenvielfalt auf dem Land in den vergangenen Jahrzehnten durch landwirtschaftliche Monokulturen stark verringert hat. Ich habe festgestellt, dass wir heute ein viel zu romantisches Bild vom Land haben; die Artenvielfalt ist es, die aus vielen kleinen Dingen, ein großes Ganzes formt. Biologische Inseln entstehen aus hoher Artenvielfalt. Auf dem Land gibt es sie nicht mehr so häufig, wie wir das noch von früher in Erinnerung haben.

Es wird ernst

Im Juli 2007 besuchte ich zum ersten Mal einen Bienenstand in Berlin. Auf der Internetseite des Deutschen Imkerbundes informierte ich mich über den Berliner Landesverband. Es gibt 14 Imkervereine, aber leider keinen Verein in Mitte-Wedding und Kreuzberg-Friedrichshain. Deshalb rief ich den Vorsitzenden von Charlottenburg-Wilmersdorf an. Die meisten Mitglieder leben im Westend, und das ist einer meiner Lieblingsbezirke hier in der Stadt. Der Vorsitzende, Herr Beck, war ein älterer Herr und sehr freundlich am Telefon.
»Herr Beck, ich interessiere mich für Bienen und würde mir gerne einen Bienenstand ansehen.«
»Na, dann kommen Sie doch einfach mal vorbei!«, lud er mich ein.
»Wirklich? Das wäre ja wundervoll.«
»Kommen Sie am Samstag um drei in meinen Bienengarten.«

Am verabredeten sonnigen Samstag fuhren Stéphane und ich zu der angegebenen Adresse in die Kleingartenanlage. Dort begrüßten uns Herr und Frau Beck sehr herzlich, der Kaffeetisch mit Erdbeerkuchen war schon für uns gedeckt.
Etwas versteckt stand im hinteren Teil des Gartens das Bienenhaus. Mit vorsichtigen Schritten näherte ich mich. Das Bienenhaus hatte der berühmte Berliner Bienenzüchter Kurt

Schmidt gebaut, wie wir später erfahren sollten. Kurt Schmidt hat sich für die Zucht der Berliner Linie maßgebend eingesetzt.

Das Bienenhaus war voll besetzt, es summte und duftete nach Wachs. Die Bienen flogen geschäftig ein und aus, trugen Nektar, Pollen und Wasser in den Stock. Herr Beck ließ Stéphane und mich ein Weile allein dort stehen und staunen. Dann zeigte er uns das Bienenhaus von innen. Der Geruch von Bienenwachs und Propolis, dem stark duftenden Kittharz, das die Bienen selbst herstellen, war umwerfend und zog uns sofort in seinen Bann.

Herr Beck öffnete vorsichtig eine Beute, gab etwas Rauch aus seinem Smoker und zog behutsam ein Rähmchen heraus. Wir trugen keine Schutzkleidung, aber ich hatte keine Angst, die Bienen könnten mich stechen. Sie bewegten sich friedlich auf den Waben und fühlten sich offensichtlich nicht gestört – Herr Beck hatte zwar eine zittrige Hand, aber ein ruhiges Wesen. Zudem waren um diese Tageszeit nur die ganz jungen Bienen zu Hause im Stock. Wie uns Herr Beck erklärte, sind diese jungen Tiere so sehr mit der Arbeit beschäftigt, dass sie uns gar nicht wahrnehmen. Wir stellten keine Gefahr für sie dar.

Nachdem wir genug gesehen hatten, steckte Herr Beck das Rähmchen behutsam wieder zurück und schloss die Beute. Wir waren sprachlos. Bienen sind nicht domestizierbar, auch wenn sie von Menschen gehalten werden, sind sie in ihrem Wesen immer noch wild. Doch wenn man den richtigen Umgang findet, kann man ihnen ganz nah sein, unverhüllt, und sie tun einem nichts. Das war für uns wie ein Wunder.

Als wir uns anschließend an die Kaffeetafel setzten, erzählte Herr Beck uns Geschichten von den Bienen. Ich schwebte im siebten Himmel: Die Sonne schien, der Garten strotzte vor Lebendigkeit, und wir saßen nur zwei Meter vom Bienenhaus entfernt, so dass ich das ständige Kommen und Gehen im Hintergrund beobachten konnte, während ich von dem köstlichen Erdbeerkuchen naschte.

Und obwohl wir es uns praktisch nur zwei Meter vom Bienenhaus gemütlich gemacht hatten, wurden wir nicht von einer einzigen Biene belästigt, nicht eine verirrte sich zu uns. Sie hatten genug zu tun, sie hatten gar kein Interesse an uns.

Für mich öffnete sich an diesem Nachmittag die Tür zu einer verborgenen Welt: ein mit der Natur verbundenes, unaufgeregtes, einfaches Dasein, das ich in der Stadt so nie vermutet hätte. Ich war von dieser Atmosphäre im Garten der Becks tief berührt.

Von da an war mir klar: Ich wollte eigene Bienenvölker haben, am liebsten sofort. Dann könnte ich so viel Zeit wie möglich in dieser friedlichen Stimmung verbringen.

»Jetzt ist das Imkerjahr fast vorbei«, bremste mich Herr Beck. »Bienen bekommen Sie erst nächstes Jahr im Mai, wenn sich die Völker teilen. Kommen Sie dann in unseren Verein, Sie können von einem unserer Imker ein Bienenvolk erwerben.«

»Das dauert ja noch fast ein ganzes Jahr!«, entgegnete ich.

Glücklich, aber auch ein wenig enttäuscht fuhren wir nach Hause. Bis Mai waren es noch zehn Monate. Aber ich hatte einen Plan. Ab dem neuen Jahr gehe ich zur Imkerversammlung, dachte ich, und bis dahin lese ich alles über Bienen, was ich finden kann.

Acht Großväter

Zur ersten Versammlung im Januar 2008 fuhr ich durch tiefen Schnee ins Westend. Die Charlottenburger Imker versammelten sich damals im zweiten Geschoss einer Kirchengemeinde. Ich war so nervös, dass ich den Raum fast nicht gefunden hätte. Was mich da wohl erwarten würde?

Als ich schließlich ankam, fand ich einen schmucklosen Raum mit ein paar Holztischen und -stühlen vor, vier Herren um die siebzig waren anwesend. Oje, dachte ich, die rennen denen ja nicht gerade die Bude ein. Ich suchte mir einen Platz, und nachdem noch vier weitere Herren eingetroffen waren, eröffnete Herr Beck die Versammlung.

Zunächst erkundigte sich der Vorsitzende nach dem Bienenstand: »Wie geht es Ihren Bienenvölkern in diesem Winter?« Ein sympathischer Herr, der in seinem schwarzen Rollkragenpullover und seiner schwarzen Hose recht edel aussah, meldete sich zuerst – Bernd Bendig, der später mein Imkerpate werden sollte: »Alle meine Völker sind eingegangen. Im Oktober war noch alles sehr gut, aber seit Weihnachten sind die Beuten leer. Ich habe drei Tage mit niemandem gesprochen«, sagte er mit leiser Stimme. »Es tut mir leid für die Jungimkerin, die heute das erste Mal hier ist. Aber vielleicht ist es ganz gut, dass sie gleich weiß, wie viele Enttäuschungen man bei der Imkerei heutzutage wegstecken muss.«

Ich hatte sofort Mitgefühl mit Bernd. Was war passiert? Bernd imkerte schon seit dreißig Jahren, das hat er mir später erzählt, an falscher Behandlung seinerseits konnte es also nicht liegen, dass seine Bienen verendet waren. War es einer Einwirkung von außen zuzuschreiben?

Alle im Raum Anwesenden murmelten etwas anderes, doch keiner fand eine Antwort. Jeder kannte das, und jeder machte eine andere mögliche Ursache aus. Die einen meinten, es liege an der falschen Behandlung mit Ameisensäure, die anderen führten das große Bienensterben ins Feld, wieder andere waren sicher, die Königinnen hatten etwas damit zu tun. So ging das eine Weile weiter – und ich verstand überhaupt nichts.

Was mich aber nicht weiter störte, denn es war beeindruckend, auf welchem Niveau hier über das Imkern gesprochen wurde. Auch wenn ich als junge Frau nicht gerade gut dazupasste: Die Ernsthaftigkeit und das Wissen der erfahrenen Imker zeigten mir, dass ich in einem solchen Verein viel lernen konnte und mit meinem neugierigen Wesen im Prinzip an der richtigen Adresse war.

Und auch wenn viele der Diskussionen vorerst zu hoch für mich waren, war ich doch gierig, mehr zu erfahren. Es überraschte mich, welche Themenbereiche die Bienenzucht anschnitt: Es ging dabei nicht nur um die unterschiedlichen Arten der Bienenhaltung, die Tipps und Tricks der erfahrenen Imker.

Imker sind sehr erfinderisch und bauen gerne ihre Beuten um und aus und verwenden selbstgebautes Werkzeug: Dampfwachsschmelzer, Pressen, Lötkolben, Schwarmverhinderungsmaßnahmen – und all das stellen sie gerne im Imkerverein vor. Vor allem aber ging es in diesen Sitzungen um die Gesundheit aus dem Bienenvolk und die Verwendung und Veredlung der Produkte: Honig, Wachs, Propolis. Wie rührt man Honig cremig? Wie setzt man eine Propolistinktur an? Wie dreht man Kerzen? Wie macht man Wachsmalstifte? Wie setzt man Met an? Es ging um den ökologischen Nutzen der Honigbienen, die Neuimkerschulung, um Biologie, Pflanzenkunde, Meteorologie, Lebensmittelkunde und Technik.

Eines der Mitglieder, Herr Kissmann, fiel mir vor allem durch seine phänologischen Berichte auf. Er beschäftigt sich mit der

Lehre der Erscheinungen und beobachtet seit über fünfzig Jahren das Wetter in Berlin sowie die damit zusammenhängenden Veränderungen in der Natur im Jahresverlauf. So weiß er, wo und an welchen Tagen die ersten Frühlingsblüher ihre Köpfe öffnen und an welchen Stellen in der Stadt zum Beispiel Krokusse blühen. Denn da das Kleinklima in den vielen Bezirken Berlins unterschiedlich ist, blüht es auch nicht überall gleich.

Seit er Bienen hat, und das sind auch schon viele Jahre, notiert Herr Kissmann auch akribisch die Gewichtszu- und -abnahme seiner Bienenbeuten, um so auf die Entwicklung im Inneren schließen zu können. Das bedeutet konkret, dass er seit Jahrzehnten täglich zu seiner Messstation im Garten geht, um die Daten festzuhalten. Er misst und rechnet und zeichnet Graphen für die Imkerschaft, und das einfach so, aus Interesse!

Ich war wahnsinnig beeindruckt, dass es Menschen gab, die sich mit solch einem Eifer für eine gute Sache einsetzten und ihre Ergebnisse mit allen teilten.

Nach einer Stunde war die Versammlung bereits vorbei. Ich verabschiedete mich von allen und wusste, dass ich in vier Wochen wiederkommen würde. Ich mochte diese Runde. Endlich lernte ich ältere Menschen kennen. Ich finde es schön, ihre Geschichten zu hören, und es gefällt mir, wie sie in sich ruhen, weil sie das Spiel des Lebens schon so gut kennen. Sie wissen von sich und der Welt, und sie wissen, wo sie stehen und warum.

Was ich außerdem mochte, war, dass die Atmosphäre in dem Verein überhaupt nicht städtisch war, sondern eher zeitlos und raumlos, was ich vorher so nicht gekannt hatte. Im Alltag wird man oft aufgrund seiner Herkunft, Bildung oder seinem äußeren Auftreten nach beurteilt. Das schien hier niemanden zu interessieren, es ging nur um die Sache an sich, ums Imkern.

Ich freute mich schon jetzt auf die kommenden Monate, und ich war neugierig, wie die anderen Abende ablaufen würden: Ob die Versammlungen im Sommer wohl anders waren als im Winter? Sicherlich besprach man je nach Jahreszeit etwas anderes.

Ich freute mich auch, dass ich so wohlwollend aufgenommen worden war. Jetzt habe ich acht Großväter auf einmal, dachte ich auf dem Nachhauseweg.

Mein Imkerpate

Auch bei den nächsten Versammlungen konnte ich nicht viel tun außer zuhören. Mir wurde klar, dass bei der Imkerei die Erfahrung am wichtigsten ist. Nur wer schon sehr lange Bienen hält, hat wirklich etwas zu sagen. Heute weiß ich allerdings, dass Erfahrung gleichzeitig immer auf der eigenen Sicht beruht, auf der eigenen Art der Naturbeobachtung, und die ist bei allen Menschen verschieden. Deswegen gibt es bei der Imkerei auch keine wirklich klaren Antworten auf Fragen, es gibt im Zweifelsfall immer mehr Antworten als Fragen. Das habe ich anfangs nicht verstanden.

Bei jedem Treffen überlegte ich, wer wohl mein Imkerpate werden würde. Herr Beck hatte mir ja versprochen, dass ich im Mai ein Bienenvolk erwerben konnte. Dazu brauchte ich aber noch jemanden, der mir alles beibringen würde. Obwohl ich vieles über Bienenhaltung gelesen hatte, war es mir wichtig, nicht alleine damit anzufangen. Ich stellte mir vor, dass es einen ruhigen alten Mann geben müsste, dem ich über die Schulter schauen konnte und der mir dann bald über die Schulter schauen würde. Ich brauche nur jemanden für das erste Jahr, danach kann ich es alleine, dachte ich immerzu. Aber jemanden zu fragen, das traute ich mich nicht.

Im März schlug Herr Beck selbst jemanden vor: »Frau Mayr, Sie setzen sich jetzt mal zu Herrn Bendig. Der hat auch schon auf dem Dach geimkert.« Bernd hatte dreißig Jahre lang ein Hotel am Ku'damm geleitet und seinen Gästen den Honig vom Flachdach aus dem 2. Stock serviert.

Bernd kam auch zu jeder Versammlung, und ich mochte ihn auf Anhieb. Ich fing an, ihm von Detroit zu erzählen, und er hörte interessiert zu. Es war dann ziemlich schnell klar, dass nur Bernd mein Imkerpate werden konnte. Wir waren von Anfang an auf einer Wellenlänge, und er hatte Freude daran, sein Wissen über das Imkern mit mir zu teilen.

Die nächsten Wochen zogen sich endlos, ich war so ungeduldig, weil ich jetzt unbedingt anfangen wollte. Mir fiel ein Stein vom Herzen, als Bernd im Mai endlich sagte: »Nächste Woche kommst du zu mir nach Grunewald. Die Bienen stehen in meinem Garten. Ich wohne direkt am See.«

Dann war der Tag endlich gekommen, und als ich Bernd in seinem Garten besuchte, versorgte er mich als Erstes mit ein paar Handschuhen und einer Imkerjacke. Als ich fertig verhüllt war, gingen wir zu den Bienen.

Es war großartig: Um uns herum blühten tausend Zwiebelblumen, Tulpen, Krokusse, Narzissen, Blausternchen, Lerchensporn und dazu das Rhododendron in hellem Violett. Wie lange hatte ich auf diesen Tag gewartet! Zuerst beobachteten wir, wie die Bienen am Flugloch ein und aus schwärmten. Es herrschte reger Flugbetrieb, manche Bienen kamen über und über mit Pollen bepudert an. Obwohl Bernd über den Winter seine Völker verloren hatte, half ihm sein Imkerpate aus. Er hatte ihm drei neue Bienenvölker gegeben. Wenn sie sich gut entwickelten, würde Bernd sie ihm im Sommer wieder zurückgeben.

Dann öffnete er das erste Volk. Ich war so aufgeregt, dass ich schon Angst hatte, die Bienen könnten mein Herz schlagen hören. Mit dem sogenannten Smoker, einem blechernen Eimer, pustete Bernd zuerst etwas Rauch in den Stock – genau so, wie ich es damals auch bei Herrn Beck im Schrebergarten gesehen hatte.

»Die Bienen denken jetzt, der Wald brennt. Also bleiben sie auf den Waben, saugen Honig ein und rüsten sich zum Aufbruch, falls sie fliehen müssen«, erklärte Bernd. »Deswegen kümmern sich die Bienen nicht mehr um uns, und wir können in Ruhe an ihnen arbeiten.«

Ein Rähmchen nach dem anderen gab er mir in die Hand. Dabei machte er mich auf die Arbeitsbienen aufmerksam. »Sie kümmern sich im Bienenstock um alles. Sie fliegen den Nektar ein und verwandeln ihn zu Honig. Sie schwitzen Wachs aus und bauen die Waben. Sie pflegen, füttern und beschützen die Königin.«

Er zog ein weiteres Rähmchen heraus: »Schau, hier sitzt die Königin. Hier, in der Mitte, sie ist etwas größer als die anderen Bienen. Sie legt gerade Eier. Und hier unten«, Bernd zog noch ein Rähmchen aus der Beute, »sitzen die Drohnen, die männlichen Bienen. Sie leben nur im Sommer, tragen weder Nektar noch Pollen ein und sind nur dazu da, die Königin zu besamen.«

Ich hatte tausend Fragen.

»Später erkläre ich dir mehr«, beschwichtigte mich Bernd, »aber jetzt muss ich den Deckel wieder schließen. Die Beute darf nicht so lange offen stehen, sonst geht den Bienen das Raumklima verloren und sie werden unruhig. Jetzt geben wir ihnen aber noch ein bisschen Platz: Im Winter leben etwa 5000 bis 10 000 Tiere im Stock, jetzt im Sommer werden es 35 000 Bienen pro Volk werden.«

Deshalb stellte Bernd auf jedes Volk eine neue Kiste, mit Mittelwänden gefüllt, die er Zarge nannte.

»Das ist wie ein Anbau«, erklärte er mir. »Die Königin hat jetzt mehr Platz, Eier zu legen, und die Bienen haben mehr Platz, Nektar einzutragen.«

»Wie funktioniert das eigentlich genau mit dem Nektar, Bernd?«, fragte ich.

»Die Bienen fliegen hier in der Stadt zu allen Bäumen und Blumen und tragen deren Nektar und Pollen in den Stock. Im Gegensatz zu Wildbienen sind Honigbienen Generalisten: Sie bestäuben viele verschiedene Blütenarten.«

Wildbienen? Ich hatte noch nie davon gehört. Bernd war wie ein wandelndes Lexikon, ich hätte ihm ewig zuhören können. Er wusste, dass es etwa 30 000 wild lebende Bienenarten auf der Erde gibt, allein in Deutschland sind etwa 600 bekannt. Sie gehören auch zu den sogenannten Hautflüglern, den *Hymenoptera.* Sie sind intensive Blütenbesucher und ernähren sich auch von Nektar und Pollen. Weil sie keinen Honig einlagern, sind sie in den Tagen, in denen sie ausfliegen, sehr fleißig. Und als Bestäuber sind sie unverzichtbar. Es gibt heute sogar schon Arten, die im Gartenbau zur Bestäubung eingesetzt werden: Hummeln beim Tomatenanbau im Gewächshaus sowie Mauerbienen im Obstbau und bei der Mandelkultur.

Viele wild lebende Arten sind Einsiedlerbienen. Sie leben solitär, das heißt, es gibt keinen Kontakt zwischen den Generationen. Die Larven entwickeln sich in dem Nest, das das Weibchen für die Eiablage im Mai vorbereitet und mit Futter ausgestattet hat. Im Winter sind sie bereits Vollinsekten, im Februar / März des darauffolgenden Jahres schlüpfen sie. Bis Mai legen sie wiederum ihre Eier ab. Danach sterben die Tiere, und ihre Nachkommen entwickeln sich ebenfalls wieder vom Ei zur Larve zum Insekt. Die Lebensdauer dieser Einsiedlerbienen ist der einer Sommerbienengeneration vergleichbar. Es gibt auch da viele verschiedene Arten.

Bernd nahm sich richtig viel Zeit für mich, vielleicht freute es ihn auch, dass ich so viel über sein Hobby wissen wollte. Er war ein sehr guter Lehrmeister. Ich musste nur zu einer Frage ansetzen, und schon erklärte er mir alles, was er dazu wusste.

Auch er betrachtete die Bienen nicht nur als Honiglieferanten, sondern betonte, wie wichtig sie für den ganzen ökologischen Kreislauf und eben auch für uns Menschen sind: »In den meisten Regionen der Erde, in denen es Blütenpflanzen gibt, sind Bienen die wichtigsten Bestäuber. Weil darunter viele Nutzpflanzen sind, ist die Honigbiene nach Rind und Schwein das drittwertvollste Nutztier für den Menschen – und rangiert damit sogar vor Hühnern. Mehrere Millionen Blüten besucht ein Volk an einem Tag, 40 000 Blütenpflanzen könnten sich ohne die Honigbiene nicht vermehren: alle Obstbäume, alle Gemüsearten, auch die Pflanzen zur Ölgewinnung wie Raps und Sonnenblumen.«

Bernd war es auch, der mich zum ersten Mal darüber aufklärte, warum die Luftverschmutzung in der Stadt den Bienen und ihrem Honig nichts anhaben konnte: »Diese Frage wird mir sehr oft gestellt«, meinte er, »aber da machen sich die Leute zu Unrecht Sorgen. Bienen und Blüten haben sich im

Laufe von Millionen Jahren zu gegenseitigem Nutzen entwickelt. Der Nektar ist tief unten in den Blüten versteckt und so vor Staub und Umweltgiften geschützt. Außerdem fliegen die Bienen die Blüten nur in den Stunden an, in denen sie voll aufgehen. Dann ist die Nektarproduktion am größten. Die Blüten einer Pflanzenart blühen nur zu einer bestimmten Tageszeit, so können die Bienen nach einem festen Zeitplan ausfliegen und bestäuben. Auf der Blumenuhr von Linné kannst du das nachlesen.

Die Honigbienen sind blütenstet, das heißt, die bleiben einer Art treu, befliegen diese immer und immer wieder und sind deswegen so effektiv in der Bestäubung. Beim Obst kann man das gut erkennen. Ein Baum, der im Frühjahr von Bienen beflogen wurde, bildet das Fünfzigfache an Früchten aus, und vor allem sind die Früchte auch groß und rund. Die Art der Bestäubung beeinflusst nicht nur die Menge, sondern auch die Qualität der Früchte.

Aber noch mal zurück zum Stadthonig. Es gibt einen gut funktionierenden Reinigungsmechanismus innerhalb des Bienenvolkes. Es wird kein Nektar eingeflogen, der verunreinigt ist oder giftig. Befinden sich Partikel im Nektar, werden sie bei der Honigwerdung im Stock aus dem Nektar gefiltert und dann im Wachs abgelagert, wenn die Biene Wachs schwitzt. Es gibt keine Grenzwerte bei den Lebensmittelkontrollen für den Honigverzehr. Wenn man sieben Kilo Honig in der Woche essen würde, dann bräuchte man Grenzwerte. Aber da man ja nur einen Teelöffel pro Tag zu sich nimmt, schützt sich der Honig selbst.«

»Wenn wir schon mal dabei sind, kannst du mir nicht auch gleich erklären, wie die Honigproduktion genau vor sich geht?«, fragte ich neugierig. Immer wieder hatte ich in meinen Imkerbüchern von Nektar und Pollen gelesen, aber so richtig war mir nicht klargeworden, wie aus dem eingetragenen Nektar Honig wird.

»Der Nektar ist eine wasserhaltige Zuckerlösung, die die Biene bei ihren Ausflügen zu den Blüten sammelt und in den Stock trägt. Sie versetzt den Nektartropfen mit körpereigenen Enzymen und gibt ihn an die Stockbiene weiter, die ihn in einer Zelle zwischenlagert. Von der Zelle wird der Honig dann so lange umgetragen, von Zelle zu Zelle, bis der Wassergehalt sinkt. Wenn sich der Nektar dann zu Honig verwandelt hat, wird er mit einem Wachsdeckel verschlossen. Nektar ist der Rohstoff für Honig. Die Bienen setzen ihm körpereigene Stoffe zu und spalten damit die Saccharose, also den Rohrzucker, in Frucht- und Traubenzucker. Gleichzeitig verliert der Nektar seinen hohen Wassergehalt, so dass wir eine zähflüssige Masse erhalten, eben den Honig. Ein großes Bienenvolk fliegt im Jahr etwa 1000 Liter Nektar ein und produziert davon 300 Kilogramm Honig. Das meiste verbrauchen die Bienen selbst, einen Teil davon darf der Imker ernten.«

»Und was hat es mit den Pollen auf sich?«, wollte ich wissen.

»Jetzt, im Mai, wenn das Bienenjahr langsam auf seinen Höhepunkt zugeht, tragen die Bienen vor allem frischen Blütenstaub ein. Dieser Pollen haftet wie kleine Pakete an den Hinterbeinen der Bienen, und weil es so aussieht, als hätten sie Höschen an, nennt man sie Pollenhöschen. Pollen ist das männliche Organ der Blüten, im Gegensatz zum Fruchtknoten mit dem Stempel, der das Weibliche bildet. Zur Bestäubung und anschließenden Befruchtung kommt es, indem der Blütenstaub der einen Pflanze auf den Stempel der anderen übertragen wird. Wenn die Biene die Blüte besucht, weil sie von dem süßen Duft angelockt wird, und dann nach dem Nektar greift, wird ihr Haarkleid mit Blütenstaub bepudert.

Fliegt sie anschließend zur nächsten Blüte, bestäubt sie diese automatisch, indem sie sich nach dem Nektar reckt. Der Pollen wandert in den Fruchtknoten und aus dem Fruchtknoten entsteht die Frucht.

Den Bienen dient der Pollen vor allem als Eiweißnahrung. Deswegen ist er im Frühjahr so wichtig. Die Tiere zehren zwar immer noch vom Honig aus dem letzten Jahr, brauchen aber frischen Blütenstaub, um die junge Brut zu ernähren. Die ersten Flüge werden oft unter Lebensgefahr geflogen. Wenn die erste Sonne aufs Flugbrett scheint, täuscht das, und die Luft draußen ist eigentlich noch viel zu kalt. Dann kann es passieren, dass die Bienen verklammen, also vor Kälte erstarren, und nicht mehr nach Hause kommen. Gut ist es, wenn Weiden nah am Bienenstand stehen. Haselnuss und Weide, und natürlich Krokus und Blausternchen.

Jedes Pollenkorn zeigt eine charakteristische Oberflächenstruktur. Die Analyse dieser Struktur ermöglicht die Zuordnung zur Pflanzenfamilie, teilweise auch bis zur genauen Art. Bei Honiguntersuchungen kann man anhand der Pollen erkennen, dass die Bienen jeden Tag woanders hinfliegen: allein 212 verschiedene Pollenarten hat man in Berlin schon identifiziert. Es sind auch exotische Pflanzenarten darunter zu finden, wenn der Blütenstaub im Botanischen Garten gesammelt wurde. Hier, probier mal.«

Bernd hob ein Pollenhöschen auf, das eine Biene am Flugbrett verloren hatte. Es war nur einen Millimeter groß und leuchtend gelb. Ich kostete und wünschte, ich könnte am Geschmack erkennen, von welcher Blüte es stammte, aber dafür waren meine Geschmacksnerven natürlich nicht ausgeprägt. Ich konnte mir aber gut vorstellen, dass der Pollen wie eine Energiespritze für die Bienen sein musste – er schmeckte sehr frisch.

»Der Blütenstaub enthält alles, was auch unserem Körper guttut: Vitamine, Eiweiß, Aminosäuren, Mineralsalze und Spurenelemente«, erklärte Bernd fast schon ein bisschen stolz und fügte noch hinzu, dass er täglich Pollen esse. War er deswegen so fit und gesund mit seinen siebzig Jahren?

Wir standen immer noch zwischen den Rhododendronbüschen, die Bienen flogen um uns herum, und ich hatte noch so viele Fragen, und Bernd noch so viele Antworten. Aber er meinte, das seien wohl schon eine Menge Informationen, mir müsse doch längst der Kopf schwirren. Das tat er, aber ich hätte mich nicht besser fühlen können dabei. Als wir in Richtung Auto gingen, kam es mir vor, als ob ich gerade aus einem Traum erwachen würde und nun in die banale Realität zurückmusste. Bernd und ich hatten einen Draht zueinander gefunden an diesem Nachmittag. Wir hatten gemerkt, dass wir gleichermaßen fasziniert von den kleinen Wesen waren, die so Großes leisteten. Etwas schüchtern und auch aufgeregt traute ich mich jetzt zu fragen: »Bernd, bist du jetzt mein Imkerpate?«

Bernd antwortete nur, mit seiner vollen klaren Stimme: »Ja.«

Ich fiel ihm um den Hals.

Wie auf Wolken fuhr ich in meine Wohnung zurück.

Ich habe 20 000 Tiere!

Das Wetter war gut, und Bernds wenige Völker wuchsen prächtig. Wir trafen uns fortan einmal in der Woche. Jeden Dienstag war Bienentag. An den anderen Tagen arbeitete ich in den Gärten oder in der Bar.

»Jetzt können wir bald einen Ableger für dich machen, Erika«, eröffnete mir Bernd eines Morgens freudig.

Es wird ernst, dachte ich mir, endlich bekomme ich eigene Bienen!

In den letzten Wochen hatte mir Bernd schon alles beigebracht, was ich wissen musste, um den Vorgang der Völkerteilung zu verstehen.

Um ein Volk zu vermehren, kann man es teilen. Daraus entsteht dann eine komplette Tochterkolonie. Das ist eine im Tierreich extrem seltene Methode der Fortpflanzung. Unter den Insekten machen das nur die stachellosen Bienen, die in den Tropen dieselben Aufgaben haben wie die Honigbienen, und manche Ameisen, wenn sie ihre Nester teilen.

Wenn sich ein Bienenvolk zur Teilung entscheidet, legen die Arbeiterinnen Weiselzellen an, in denen die Königinnen heranwachsen. Diese Zellen sehen aus wie kleine Fingerhüte. In jeder Weiselzelle liegt ein Ei, das im Laufe der Entwicklung, vom Ei zur Larve und dann zum vollständigen Insekt, besondere Aufmerksamkeit erhält. Die Larven darin werden nur mit dem sogenannten *Gelée Royale* gefüttert, dem Weiselfuttersaft.

Es ist ein Stoff der Wunderkräfte, der da von den Bienen hergestellt wird. Gewöhnliche Arbeiterinnen und Drohnen bekommen das *Gelée Royale* nur bis zum dritten Tag, dann erhalten sie ein Gemisch aus Pollen und Nektar. Durch die Ernährung mit dem speziellen Weiselsaft wird die Königin viel größer als die gewöhnlichen Arbeiterinnen, ihre Lebensdauer verlängert sich auf mehrere Jahre, und sie zeichnet sich durch ihre Fruchtbarkeit aus.

Die Weiselzellen werden im Stock besonders betreut, so dass eine Königin bereits am 16. Tag schlüpft. Eine Arbeiterin schlüpft nach 21, eine Drohne erst nach 24 Tagen. Diese Tage sollte der Imker genau zählen, denn ein Bienenvolk muss geteilt werden, bevor die Königin schlüpft. Wenn man diesen

Zeitpunkt verpasst, schwärmt das Volk aus, und man muss es mühsam wieder einfangen.

Bernd hatte vor, dass wir erst einmal die Weiselzellen abwarten, und dann, wenn wir welche sehen würden, müssten wir die Tage zählen. »Am elften Tag, wenn das Wetter schön ist, teilen wir dann das Volk, entnehmen die Wabe mit den Weiselzellen, legen noch ein paar Brutwaben dazu und packen alles zusammen in eine neue Beute.«

»Und das ist dann mein erstes Volk?«

»Genau!« Bernd freute sich mit mir. »Hast du dir schon überlegt, wo du dein Volk aufstellen möchtest?«

Nach wie vor wollte ich keinen Garten anmieten, sondern meine Bienen auf irgendein Dach stellen. Das musste ich jetzt dringend organisieren.

Dass die Bienen in Kreuzberg stehen sollten, hatte ich mir von Anfang an vorgestellt. Ich wohnte zwar selbst nicht mehr dort, denn ich war in der Zwischenzeit zu Stéphane gezogen, aber mit Kreuzberg fühlte ich mich immer noch verbunden. Hier war schließlich unsere Bar, wo sich mein Freundes- und Bekanntenkreis traf, wenn ich einmal in der Woche hinter dem Tresen stand. Kreuzberg war lange mein Zuhause gewesen. Und es sollte auch das meiner Bienen sein.

Prinzipiell dürfen die Bienen überall stehen. In Europa ist Bienenhaltung in der Stadt erlaubt. Das wird über das Gesetz zur Kleintierhaltung geregelt. Bienenstände mit bis zu sechs Völkern dürfen ohne eine spezielle Genehmigung aufgestellt werden. Es wird natürlich angeraten, das in Absprache mit den Nachbarn zu tun. Bienen fliegen im Abstand von ungefähr 1,50 Meter vom Boden zu ihren Sammelflügen aus – also genau in einer Höhe, in der sie mit Menschen in Kollision geraten könnten. Deshalb fand ich es so genial, Bienen auf einem Hausdach zu halten. Hier würden sie bereits so hoch starten, dass sie keine Fußgänger störten.

Bei Bienenstöcken in Gärten sieht man oft, dass die Beuten vor Hecken stehen, um den Bienenflug gleich nach oben zu lenken. Die jungen Bienen üben, wenn sie Flugunterricht haben, täglich um die Mittagszeit, zwischen halb eins und halb drei. Das kann man am Flugloch beobachten. Kleine Schwärme von jungen Bienen, die immer auf und ab schwirren und sich genau auf das Flugloch einfliegen, damit sie lernen, sich zurechtzufinden. Es ist ein wunderbares Schauspiel.

Aber natürlich können Bienenschwärme auch etwas Bedrohliches haben, zum Beispiel wenn der halbe Stock loszieht und sich ein neues Zuhause sucht. Als Mensch steht man dann ganz ohnmächtig da, die Luft ist angefüllt mit einem Summen und Brausen, dass es einem schon mal mulmig werden kann. Eigentlich bewegen sich Bienen dort, wo sie eher nicht auf Menschen treffen. Schwärmt ein Volk aus, sucht es sich meist in relativ großer Höhe eine neue Bleibe, etwa unterhalb von Dachrinnen, an Dachkanten, in Bäumen oder an höher gelegenen Ästen. Nur im Ausnahmefall lässt es sich in Mauervorsprüngen oder unter Fenstersimsen nieder.

Schwierig wird es, wenn Menschen allergisch auf Bienenstiche reagieren. Viele haben aber auch ohne Allergie Angst vor Bienen, auch darauf muss der Imker Rücksicht nehmen.

Ich wollte einen besonderen Ort für meine Bienen finden. Bevor ich auf die Idee mit dem Dach kam, dachte ich, ich könnte die Beuten auf unserem Balkon aufstellen, um sie täglich beobachten zu können, aber in unserem großen Wohnkomplex ist das nicht erlaubt. Auch das Dach des Pallasseums war nicht geeignet, denn dort gibt es zu viele Lüftungsschächte. Die starken Luftbewegungen würden die Bienen beim

Ein- und Ausfliegen stören. Schade, denn es ist riesig, etwa 500 Meter lang und bietet einen wahnsinnig tollen Blick über Berlin.

Ich wollte auch gerne einen öffentlichen Raum mit Bienen besetzen, um sie und ihre Leistung für die Menschen sichtbar zu machen – in gebührendem Abstand natürlich. Erst dachte ich an den Wachturm am Schlesischen Busch. Dort gibt es ein Museum und ein kleines Flachdach. Die Bienen würden nah am Kanal und der Spree durch den Park fliegen können. Leider hatten die Betreiber des Museums Angst, dass die Bienen die Besucher stören könnten.

Dann versuchte ich mein Glück bei der Kunstfabrik am Flutgraben. Sie lag direkt gegenüber dem Wachturm. Auch ein idealer Standort an der Spree, denn die Bienen brauchen eine nahe Wasserquelle, damit sie im Frühjahr nicht zu weit fliegen müssen, da sie sonst verklammen. Ich kam mit den Betreibern der Kunstfabrik ganz gut ins Gespräch, aber sie wollten mir keinen eigenen Schlüssel geben. Das machte es wiederum unpraktikabel für mich. Jedes Mal, wenn ich nach meinen Bienen sehen wollte, müsste ich mich mit den Architekten, die dort ihr Büro haben, absprechen. Das wollte ich nicht, schließlich konnte ich als Anfängerin auch noch nicht genau absehen, wann, wie oft und wie lange ich vor Ort sein musste. Als ich schließlich nicht mehr weiterwusste, verfiel ich auf den Plan, meine Bienen auf dem Dach des Hauses, in dem sich das Mysliwska befindet, unterzubringen. Aber auch hier stieß ich auf unerwartete Probleme. Ein Bewohner hatte seine Sauna samt Entlüftung auf das Dach gebaut. Und selbst wenn ich mich mit ihm geeinigt hätte, hätten wir immer noch einen komplizierten Vertrag mit der Hausverwaltung ausarbeiten müssen, der regelte, dass ich für alle eventuellen Schäden aufkommen würde.

Ich war ziemlich desillusioniert und dachte nur, wenn das so anfängt, mit großen Schwierigkeiten, wie kompliziert würde es dann werden, wenn die Bienen erst mal da waren?

Zum Glück fiel mir schließlich Roman ein. Ich kannte ihn schon seit vielen Jahren, er betreibt ein Café und einen Club in Prenzlauer Berg.

»Mir gehört ein Altbau am Heckmannufer«, schlug er zögernd vor und sagte dann plötzlich bestimmter: »Weißt du was, Erika, wir machen das! Dort stellst du dein erstes Bienenvolk auf. Am Anfang sagen wir es niemandem. Aber wenn es Ärger gibt, musst du es so bald wie möglich wieder wegnehmen.«

Das konnte ich ihm versprechen. Ich war begeistert. Wenn dort ein Bienenvolk stand, konnte ich allen Leuten, die in die Bar kamen, Honig geben, der in ihrer Umgebung eingeflogen wurde. Das lokalste Produkt, das man sich vorstellen kann, und auch das gesündeste, das man hier, mitten in der Stadt, herstellen konnte. Gut auch für diejenigen, die an Heuschnupfen litten. Denn diese können manchmal ihre Beschwerden in den Griff kriegen, wenn sie täglich einen Teelöffel Honig essen, der aus der unmittelbaren Umgebung stammt. Das Gute liegt eben manchmal direkt vor der eigenen Haustür, und wenn jeder seinen Teil dazu beiträgt, die eigene Umgebung zum Blühen zu bringen, ist allen geholfen.

Am nächsten Abend, es war wieder einmal Dienstag, fuhr ich zu Bernd. Im Garten begrüßte ich voller Vorfreude mein Volk. Wir warteten, bis alle Bienen in den Stock zurückgekehrt waren. Gegen sieben Uhr war es so weit: Mein neues Bienenvolk, ein Ableger auf einer Zarge, war sicher verpackt. Wir trugen die Styroporkiste, die etwa 15 Kilo wog, gemeinsam zu meinem Auto. In meinem Sprinter zurrten wir sie gut fest, damit ja nichts passieren würde, bevor wir sie quer durch die Stadt zu ihrem neuen Standort brachten.

Ich fuhr so langsam und vorsichtig, wie ich nur konnte. So eine fragile Ladung hatte ich noch nie dabeigehabt. Als ich an einer Ampel zum Stehen kam und der Motor leiser wurde, hörte ich es gerade so summen und brausen. Die Bienen waren aufgeregt, sie wussten nicht, wohin die Reise führen würde. Ich war mindestens genauso aufgeregt!

Bernd fuhr im eigenen Auto hinter mir her. In Kreuzberg angekommen, fiel mir ein Stein vom Herzen, als ich die Türen öffnete und sah, dass alles in Ordnung war. Die ganze Fahrt über hatte ich mir vorgestellt, was passieren würde, wenn ich abrupt bremsen müsste: Die Beute würde aufgehen, die Bienen würden über mich herfallen, und ich würde eine Massenkarambolage auslösen.

Nein, alles war gut gegangen. Ein Glücksgefühl durchströmte mich: »Jetzt habe ich 20 000 Tiere!«

Als auf der Straße niemand mehr zu sehen war, packten wir die Beute aus und trugen sie nach oben in den fünften Stock. Zum Dach führte von da aus nur noch eine Leiter. Wir öffneten die Luke, und das schwache Dämmerlicht fiel ins Dachgeschoss. Mit dem Seil zogen wir den Ableger hoch. So leise wie möglich tapsten wir über das Dach.

Wir diskutierten über den besten Standort: »In der prallen Sonne ist es den Bienen zu heiß«, gab Bernd zu bedenken. »Am besten wäre es auch, wenn sie windgeschützt stehen könnten, zumindest von einer Seite her.«

Dann orientierten wir uns nach den Himmelsrichtungen. Der Kanal lag Richtung Südosten, es war genau derselbe Blick, der mich damals so begeistert hatte, als ich bei Andreas in der Küche beim »Vorstellungsgespräch« gesessen hatte. Die Spree lag Richtung Osten, im Westen war der Aufzugschacht, und Richtung Norden konnte ich den Alexanderplatz ausmachen. Die Aussicht war großartig. Ein Lichtermeer, nur für Bernd und mich und die kleine Beute.

Schließlich stellten wir den Stock im Schatten des Kaminschachts auf, etwas erhöht auf einer Palette, die wir auch zum Befestigen nutzten. Mit einem Seil banden wir die Styroporkiste fest, so dass der Wind sie nicht wegreißen konnte. Die genaue Planung war sehr wichtig, denn einmal aufgestellt, konnte man die Beute nicht mehr verschieben, da sich die Bienen exakt auf das Flugloch einfliegen würden, während sie sich in der neuen Umgebung orientierten.

Wir öffneten das Flugloch. Nach und nach kamen die ersten Bienen nach draußen, um zu gucken, wo sie gelandet waren.

»Morgen früh fliegen sich alle Bienen ein, Erika«, versprach mir Bernd mit einem verschmitzten Grinsen. »Das ist genauso wie der Flugunterricht für die jungen Bienen, nur dass es diesmal alle sind, die sich den neuen Standort ansehen wollen. Alle 20 000 Bienen auf einmal.«

Ich war fasziniert von der Fähigkeit meiner Bienen, sich innerhalb kürzester Zeit auf eine völlig neue Umgebung einzustellen. Während Bernd und ich den phantastischen Ausblick vom Dach genossen, schwirrten sie umher, und es kam mir vor, als würden sie sich neugierig umschauen, um sich dann an ihr neues Zuhause zu gewöhnen. In diesem Moment hatte ich das Gefühl, als hätten wir viel gemeinsam: Genau wie ich waren die Bienen dem Ort, an dem sie lebten, eng verbunden, und doch gelang es ihnen immer wieder aufs Neue, sich einer veränderten Umgebung anzupassen und dort heimisch zu werden.

Ein unvergessliches Geschmackserlebnis

Es wurde Sommer in Berlin. Nachdem die Robinie abgeblüht war, kam die Linde. Das kleine Volk auf dem Dach entwickelte sich prächtig. Einmal die Woche kamen Bernd und ich gemeinsam her und schauten nach, ob alles in Ordnung war.

Wir hatten ein Ritual: Bernd holte mich zu Hause ab, dann fuhren wir zuerst zu ihm in den Garten, wo wir seine Bienenvölker kontrollierten und er mir erklärte, was es Neues zu sehen gab. Im Anschluss fuhren wir nach Kreuzberg, und die Prozedur wurde wiederholt, nur musste diesmal ich erklären, was ich sah. Bernds Garten war für den strengen Unterricht vorgesehen, auf dem Dach waren wir frei.

Wir verbrachten den ganzen Tag zusammen. Für mich war es immer wie ein Urlaubstag. Ein Tag, an dem es eine andere Zeitrechnung gab, ein Tag voller Geschichten über die Bienen, über das Leben, über Berlin. Ein Tag mit den mir lieb gewordenen Luftwesen, dem Himmel so nah.

In meinem ersten Jahr konnte ich mir die meisten Gerätschaften, die ich fürs Imkern brauchte, von Bernd ausleihen. Man musste immer gut überlegen, dass man bereits unten alles zusammenstellte, sonst musste man vom 5. Stock noch mal runterlaufen – ganz nach dem Motto: »Was man nicht im Kopf hat, hat man in den Beinen.« Mit Bernd passierte das nur selten. Er ist so unglaublich diszipliniert und gut organisiert, dass es kaum vorkam, dass wir etwas vergaßen.

Bernd zeigte mir immer wieder den Aufbau eines Bienenvolkes, die drei unterschiedlichen Wesen darin, die Arbeiterinnen, die Drohnen und die Königin. Zu Hause studierte ich nach wie vor in den Büchern. Es gibt so viele Betrachtungsweisen in der Imkerei, dass immer wieder etwas Neues auftaucht, worüber man sich vorher keine Gedanken gemacht hat. Die Imkerei ist ein schier unerschöpfliches Gebiet.

Und doch war dann in der Praxis, wenn ich die Beute aufmachte, alles anders als in den Büchern. Der Anblick der Bienen, die Bewegung der Luftwesen, das scheinbar Chaotische, Wuselnde, Summende – ich war jedes Mal so überwältigt, dass ich mich gar nicht traute, etwas anzufassen. Ich beobachtete sie nur ehrfürchtig und dachte, schnell wieder zumachen, sonst geht doch die gute Stockluft verloren. Die Tiere waren so nackt, wenn man sie, auf den Waben sitzend, aus ihrem Stock holte und in den Händen hielt. Diese zarten Wesen, die seit Millionen von Jahren die Erde besiedeln und sich seither morphologisch kaum verändert haben. Ich fühlte mich so verbunden mit ihnen, sie waren so besonders, so ungreifbar, dass ich sie nur beobachten wollte, ich wollte ihnen nichts tun, nichts zufügen, sie nur bewundern.

Bernd trug nie Handschuhe, und bald schon ließ ich sie ebenfalls weg. So konnte ich die Wärme des Stocks spüren.

Es kam ständig etwas Neues hinzu, was meine Sinne entzückte. Erst war es nur die Beobachtung, dann konnte ich die Wärme spüren, später nahm ich den Geruch nach Kittharz und Honig wahr, und schließlich kam der Schmerz des ersten Stiches. Mit dem Schmerz schließt sich der Kreis. Sonst wäre kein Gleichgewicht vorhanden. In jeder Liebe steckt ein Funken Schmerz.

Wenn ich am Dienstagabend nach Hause kam, war ich immer wie verwandelt, aber auch müde, weil ich die Zeit so intensiv erlebte. Stéphane fragte mich immer, was ich denn den ganzen Tag tat. Ich konnte es gar nicht beantworten.

Im Juli kam meine erste Ernte: Lindenhonig aus Kreuzberg. Am frühen Vormittag fuhren Bernd und ich zum Bienenstand, ausgerüstet mit einer zusätzlichen Beute im Auto. Das Bienenvolk war mittlerweile auf drei Zargen angewachsen, in der obersten befand sich der Honig. In den unteren zwei Zargen verbarg sich das Brutnest. Dort lebten die Bienen, arbeiteten, pflegten die Brut. Das Brutnest ist das Innerste des Bienenvolkes.

Im Sommer erstreckt es sich über die gesamte Beute. Das Volk bildet eine Kugel, in der Mitte befindet sich die Königin, die den ganzen Tag Eier legt. Außenrum wird der Honig, und ganz nah am Brutnest der Pollen eingelagert. Die Ammenbienen, die sich um die Brut kümmern, sollen keine langen Wege zurücklegen, wenn sie Nachschub brauchen. Im Brutnest herrscht eine konstante Temperatur von 37 Grad Celsius. Das ist wichtig für die Entwicklung der Bienenbrut. Temperaturschwankungen führen dazu, dass Bienen sich nicht ausreichend kognitiv entwickeln, ihre Lernfähigkeit ist dann beeinträchtigt.

Um zu verhindern, dass in der obersten Zarge Eier gelegt werden, hatten Bernd und ich bereits im Mai ein sogenanntes Königinabsperrgitter befestigt. Die Maschen dieses Gitters sind genau so groß, dass zwar die Arbeiterinnen ungehindert passieren können, um Honig einzulagern, die eierlegende Königin jedoch nicht.

Beim Ernten öffnet man nur den obersten Raum und kann dort die mit Honig gefüllten Waben entnehmen. Dass der Honig reif ist, also die richtige Konsistenz hat, erkennt man daran, dass er von den Bienen verdeckelt, also mit Wachs verschlossen wurde. Als ich zum ersten Mal ernten wollte, waren nur vier Waben vollständig verschlossen. Bei den anderen sieben Waben schimmerte überall noch der frische Nektar, die konnten wir nicht ernten, weil der Wassergehalt zu hoch war. Wenn im Honig zu viel flüssiger Nektar enthalten ist, fängt er später an zu gären. Nur wenn der Wassergehalt bei unter 18 Prozent liegt, kann man ihn verwenden – er ist dann sogar unbegrenzt haltbar. Viele glauben, wenn der Honig kristallisiert, ist er nicht mehr genießbar. Dabei kann man ihn ganz einfach wieder verflüssigen, indem man das Glas in warmes, nicht kochendes Wasser stellt.

Aus den vier Honigwaben bekamen wir acht Kilogramm Honig heraus. Wir beeilten uns, die Waben zu ziehen, fegten die Bienen ab, hängten sie in die mitgebrachte leere Beute und machten schnell wieder den Deckel zu. Dort, wo die vollen Waben gewesen waren, hängten wir leere Mittelwände ein. Jetzt im Juli würde es nur ein paar Tage dauern, bis sie ausgezogen und wieder prall gefüllt waren.

Berlin ist im Sommer ein einziges Blütenmeer. Die Alleen riechen süßlich nach Linden, ein Duft, den die Bienen einfangen und im Honig konservieren.

Die Entwicklung eines Bienenvolkes steuert in dieser Zeit auf ihren Höhepunkt am 21. Juni zu. Diese einmalige Hochzeit ist typisch für das Bienenjahr. Von April bis Juni arbeitet der Imker mit den gut gelaunten Sommerbienen, die Entwicklung geht steil nach oben, die Volksstärke verdoppelt sich. Es gibt Königinnen, die legen tausend Eier am Tag. Das habe ich selbst nie gesehen, aber mehrmals gelesen. Täglich schlüpfen junge Bienen, und täglich sterben alte.

Sommerbienen leben im Schnitt nur sechs Wochen. In den ersten drei Wochen arbeiten sie im Stock. Sie pflegen, wärmen und füttern die Brut, putzen, bauen und bewachen die Waben. Bis zum 21. Lebenstag, dann beginnt die Sammeltätigkeit. In dieser Lebensphase bringen die Tiere Nektar, Pollen, Wasser und Honigtau in den Stock, bis sie nach etwa drei Wochen vor Erschöpfung sterben.

Es gibt etwa sechs aufeinanderfolgende Generationen Sommerbienen pro Jahr und eine Generation Winterbienen. Wenn man davon ausgeht, dass pro Volk und Jahr etwa 150 000 Tiere leben und sterben, kann man sich vorstellen, welche enorme Eiweißquelle die Bienen für andere Tierarten darstellen. Singvögel zum Beispiel ernähren sich auch von Bienen, so dass man als Imker immer auch viele Vögel im Garten hat.

Anfang Juli ist der Höhepunkt des Bienenjahrs bereits überschritten, die Königin verlangsamt die Eiablage. Es wird dann nur noch eine Sommerbienengeneration geben. Die Aufzucht der Drohnen, der männlichen Bienen, wird eingestellt – sie sind die Ersten, die das Ende der Hochzeit zu spüren bekommen. Das Bienenjahr dauert für sie nur von April bis August. Die Hauptaufgabe der Drohnen ist die Begattung der Königin. Ansonsten leben sie ein kurzes, vagabundierendes Leben. Sie verfliegen sich gerne und besuchen die Bienenstände in der Nachbarschaft.

Drohnen kann man daran erkennen, dass sie keinen Stachel haben. Mit ihren großen Augen, dem tiefen Summen und ihrer rundlichen Gestalt wirken sie etwas unbeholfen. Sie unterstützen die Arbeiterinnen bei ihren Aufgaben (heizen, lüften) und werden im Gegenzug von ihnen gefüttert, da sie sich nicht selbst ernähren können.

Jede Königin wird nur einmal in ihrem Leben begattet. Kurz nach dem Schlüpfen fliegt sie aus und entsendet Pheromone. Sie wird von einem Geleit an Sammlerinnen durch die Luft zum nächsten Drohnensammelplatz geführt, zu dem Hunderte von Drohnen aus allen Bienenständen der Umgebung fliegen. Was für eine riesige, dröhnende Wolke muss da in luftiger Höhe sein!

Der Drohn, der am höchsten und schnellsten fliegt, begattet die Königin. Sobald er die Samenblase entleert hat, reißt sein

Körper entzwei, und er stirbt im Flug. Wenn die Samenvorratskammer der Königin gefüllt ist, kehrt sie in den Stock zurück. Das Immunsystem der Bienen ist nicht besonders robust. Daher ist es wichtig, dass die Königin nicht nur von volkseigenen Drohnen begattet wird. Denn sie gleichen ihr fragiles Immunsystem über eine große Vielzahl an männlichen Samen und damit verbunden eine hohe genetische Vielfalt aus.

Die meisten Drohnen werden von den Bienen ab Mitte Juli nicht mehr gefüttert. Sie werden mit der Zeit immer schwächer und nach und nach aus dem Stock geworfen. Der Fachausdruck dafür lautet passenderweise Drohnenschlacht. Das ist das grausame Prinzip, nach dem die Natur funktioniert. Bernd sagt immer, bis zum Sommer sind die Drohnen die Lebensversicherung für die Bienenvölker. Wenn sie dann ihren Dienst getan haben und die diesjährige Königin begattet wurde, werden sie nicht mehr gebraucht und müssen gehen.

Als ich all das erfuhr, verstand ich, warum Bienen als fleißig gelten, denn für ihren unermüdlichen Einsatz wenden sie jede Menge Energie auf. Dauernd sind sie in Bewegung, immer im Dienst für ihre Gemeinschaft. So funktioniert ein Bienenvolk, auch wenn das mit einer hohen Verlustrate verbunden ist, und das nicht nur bei den Drohnen. Ich habe großen Respekt vor dem selbstlosen Engagement dieser Tiere, und nicht zuletzt deshalb haben mich die Bienen so in ihren Bann gezogen.

Nachdem Bernd und ich den ersten Honig im Jahr geerntet hatten, machten wir uns wie die Räuber aus dem Staub. Schließlich wollten wir auch noch bei Bernds Bienenstöcken an den guten Lindenhonig kommen. Obwohl es am besten ist, frühmorgens zu ernten, wenn noch kein Nektar eingetragen wurde, war es schon Nachmittag, als wir bei Bernd ankamen.

Die Ernte muss generell schnell vor sich gehen, sonst werden die Bienen unruhig, weil sie merken, dass wir ihre Wintervorräte klauen. Die Bienen wandeln in den Monaten von Mai bis Anfang Juli so viel Nektar zu Honig um, wie sie für den kommenden Winter brauchen. Der Imker greift in diesen Kreislauf ein.

»Die Nahrung, die wir als Honig den Bienen wegnehmen, müssen wir ihnen in Form von Zuckersirup ersetzen«, sagte Bernd. »Noch finden die Bienen zwar viel Nektar in Berlin, da kommt noch die Blüte des Götterbaums und des Schnurbaums, der Höhepunkt des Trachtangebotes ist jedoch überschritten.«

Nachdem wir auch bei Bernd erfolgreich gewesen waren, brachten wir die gefüllten Zargen in die Küche. Dort war schon alles mit Zeitungspapier ausgelegt. Der gute Honig tropfte überall. Alles, was wir anfassten, fing an zu kleben. Es ließ sich gar nicht vermeiden, auch wenn wir noch so gut aufpassten.

Auf dem Tisch stand das Entdeckelungsgeschirr. Auf Metallhaltern kann man die vollen Honigwaben fixieren, so dass man die kleinen Wachsplättchen vorsichtig mit einer speziellen Gabel lösen kann. Bernd erklärte mir, wie das alles funktionierte, dann war ich dran. Kaum hatte ich die dünne Wachsschicht gelöst, fing auch schon der Honig an zu tropfen. Ich musste sofort probieren: mein erster eigener Honig, ein köstlicher Lindenhonig mit einem kräftigen Aroma und einem intensiven Duft, nicht zu süß. Ich konnte es kaum glauben. In Kreuzberg eingeflogener Nektar, der zu goldenem Honig umgewandelt wurde und nun schmeckte, als käme er aus einem lichtdurchfluteten Lindenwald in unberührter Natur!

Ich entdeckelte eine Wabe nach der anderen und gab sie Bernd, der sie in die Honigschleuder einlegte. Es passten jeweils vier Waben in die Schleuder. Man dreht die Trommel über eine Kurbel, so dass der Honig durch die Zentrifugalkraft an die Metallwand geschleudert wird und über ein feinmaschiges Doppelsieb in den Eimer ablaufen kann.

Bernd hatte eine motorisierte Schleuder, so dass man die Kurbel nicht per Hand bewegen musste. Ruckzuck füllte sich ein Eimer nach dem anderen mit der hellen, noch lauwarmen Masse. Die Wachsteilchen blieben im Sieb hängen. Alles, was langsam durch das Sieb tropfte, war reiner Honig: golden, gehaltvoll, zähfließend, »sich seine Zeit nehmend«. Wenn der Honig durch das Sieb tropft, in seiner eigenen Geschwindigkeit, dann strahlt er Ruhe und Vollendung aus – die vielen Mühen der Sammlerinnen, der vielen Generationen an Sommerbienen, sind darin vereint. Der Honig leuchtet von innen heraus. Es ist vollbracht. Meinen Kreuzberger Honig füllten wir in einen extra Eimer ab, damit ich ihn mitnehmen und an meine Freunde verschenken konnte. Vorher musste er allerdings noch zwei Wochen in Bernds Schuppen lagern. So setzen sich die Schwebstoffe an der Oberfläche ab. Bevor wir ihn in Gläser abfüllen konnten, müssten wir ihn dann entweder noch mal sieben oder abschäumen.

Da ich es jedoch nicht erwarten konnte, nahm ich mir ein bisschen von dem noch ungesiebten Honig mit nach Hause. Schließlich wollte ich Stéphane stolz mein Werk präsentieren!

Ich fand, es war der köstlichste Honig, den ich je gegessen hatte. Lag es daran, dass es mein eigener war? Oder war er durch die enorm vielfältige Bienenweide in der nahen Umgebung so besonders geworden? Konnte man tatsächlich solche Unterschiede herausschmecken?

Heute weiß ich, dass man seinen Gaumen trainieren kann, mittlerweile habe ich ein ganz gutes Gespür für die verschiedenen Honigsorten entwickelt. In meiner Honigsammlung sind viele Sorten, vor allem aus Bergregionen in Norwegen, Alaska, der Schweiz, Österreich oder Korsika.

In allen Honigsorten von Berliner Imkern findet man übrigens den Blütenstaub von Vergissmeinnicht. Andere Pollen stammen vom Ahorn, von der Kastanie, von Kern- und Steinobst, Götterbaum, Robinie, Linde, Hortensien, Weißklee, Efeu, Wilder Wein, Liguster, Essigbaum, Hahnenfuß, Hartriegel, Ginster, Weißdorn, Natternkopf, Distel, Königskerzen, Süßgräsern, Birken und vielen mehr.

Das Jahr neigt sich dem Ende zu

Anfang August mussten Bernd und ich bereits anfangen, an den Winter zu denken, denn das taten die Bienen auch. Das neue Bienenjahr fing an. Zunächst sorgten wir dafür, dass unsere Tiere genügend Nahrungsersatz bekamen. Wir hatten im Sommer viel Honig entnommen, und die Bienen konnten im August niemals so viel Nektar finden und umwandeln, um das auszugleichen. Wir fütterten sie daher mit Zuckersirup, den sie in die Zellen eintragen und mit Wachs verschließen.

Das Allerwichtigste im August ist, seine Bienen gegen die Varroamilbe zu behandeln, das schärfte mir Bernd immer wieder ein. Wieder einmal konnte er, ohne nachzulesen, alles aus dem Stegreif erklären. Er war einfach unersetzlich.

»Die ausgewachsene Milbe *Varroa destructor* ist nur etwa 1,6 Millimeter groß. Sie beißt sich an der Honigbiene fest. Wenn man die Proportionen umrechnet, wäre die Varroamilbe bei uns Menschen so groß wie ein ausgewachsenes Kaninchen.«

Ich war schockiert, als ich mir bildlich vorstellte, wie es aussehen würde, wenn Bernd ein Kaninchen mit sich herumschleppen würde. Es entzieht sich unserer Vorstellungskraft, das Ausmaß dieses Schädlings zu begreifen.

Die Varroamilbe wurde erstmals in den achtziger Jahren in Deutschland entdeckt. Sie ist ein Parasit, der eigentlich in friedlicher Koexistenz mit der Asiatischen Honigbiene *Apis cerana* lebt. Durch die Verbreitung der Europäischen Honigbienen weltweit und den globalen Bienenhandel in den letzten Jahren konnte sich die Milbe ausbreiten. Alle Völker der *Apis mellifera* sind von ihr befallen. Und das ist die eigentliche Katastrophe. Während die Asiatische Biene mit der Milbe zurechtkommt, weil sie sich angepasst hat, geht die europäische Art an dem Parasiten schleichend zugrunde.

Es gibt mittlerweile Imker, die es geschafft haben, ihre Bienenvölker varroafrei zu halten. Für die meisten jedoch ist die Varroose die gefährlichste Bienenkrankheit des 21. Jahrhunderts. Die Milben verletzen die Tiere, indem sie an den jungen Larven saugen und diese in ihrer Entwicklung beeinträchtigen. Aber sie verletzen auch erwachsene Tiere, und diese sind dann anfälliger für Viren und Bakterien. Der gesamte Stock ist von der Varroose betroffen. Der Nachwuchs kann sich dann nicht gesund entwickeln, und die erwachsenen Tiere sind zu geschwächt, um sich vor Krankheitserregern zu schützen.

Bernd war bei diesem Thema noch gründlicher als sonst. »Die Drohnenbrut wird etwa 8,6-mal häufiger als die Arbeiterbienenbrut von der Varroamilbe befallen. Wir hängen während der Volksentwicklung einen Drohnenrahmen in die Nähe des Brutnestes. Die Drohnenzellen sind größer als die

Zellen der Arbeiterinnen. Außerdem sind sie drei Tage länger verdeckelt. Deswegen vermehren sich die Milben darin noch erfolgreicher. Die Milben haben sich im Laufe der Zeit schon an die Volksentwicklung der *Apis mellifera* angepasst, wie man daran erkennen kann. Sie sind auch schon resistent gegen mehrere Mittel, die zu ihrer Vernichtung eingesetzt wurden. Kurz bevor die Drohnen schlüpfen, entfernen wir die Drohnenbrut mitsamt den darin sitzenden Milben. Dann hängen wir einen neuen leeren Rahmen ein.«

»Wenn wir die Drohnen vor dem Schlüpfen entnehmen und töten, dann fehlen doch Drohnen an den Sammelplätzen zur Begattung«, will ich von Bernd wissen. »Minimieren wir Imker so nicht die genetische Vielfalt an den Drohnensammelplätzen?«

»Die Schwierigkeit besteht darin abzuwägen, was für die Bienen schädlicher ist«, erklärt er mir geduldig. »Ist es eine hohe Anzahl an Milben im Stock und deren Folgen, oder ist es die Einschränkung der genetischen Vielfalt? Das weiß bislang niemand. Bei uns behandelt man die Milben über das Ausschneiden der Drohnenbrut und schließlich, falls das nicht reicht, mit Ameisensäure. Wir fangen gleich nach der Honigernte damit an, weil sich im August die ersten Winterbienen entwickeln.

Diese Brut müssen wir schützen, weil sie die Königin durch den Winter bringt und somit den Stock erhält. Wenn die Winterbienen nicht gesund sind, stirbt das Volk und kann nicht überwintern. Im Juli und August sind auch am meisten Milben im Stock, weil es schon wieder viel weniger Bienen sind als noch im Mai oder Juni. Auf weniger Bienen kommen mehr Milben. Wenn im April fünf Milben vorhanden sind, sind es im August fünftausend.«

Bernd zeigte mir, wie man den Boden der Beute so verschloss, dass nur noch das Flugloch offen war. So kann man die sechzigprozentige Ameisensäure über ein paar Wochen hinweg verdunsten lassen. Auf diese Weise legt sich die Säure auch auf die Milben, die unter der verdeckelten Zelle sind.

Damit die Ameisensäure verdunstet, braucht es eine gewisse Außentemperatur. Wenn es zu kühl ist, verdunstet zu wenig, ist es zu warm, schadet man den Bienen. Man sollte immer wieder nachsehen, wie viele Milben durch die Säurebehandlung abfallen. Je mehr, desto erfolgreicher die Behandlung. Sind im Herbst immer noch viele Milben im Stock, muss man im Winter mit Oxalsäure behandeln.

Dass das nicht das Gelbe vom Ei war, ahnte ich, als ich nach Bernds Anleitung die Varroa-Behandlung zum ersten Mal selbst durchführte. Mir gingen dabei tausend Fragen durch den Kopf. Wird durch die Ameisensäure nicht das empfindliche Klima im Stock gestört? Wenn das Gift die Milben tötet, wie gefährlich ist die Verdunstung dann für die Bienen? Wie oft kann eine Königin diese Behandlung überstehen?

Bernd sah das ähnlich, aber er wusste, dass es nicht anders ging. »Wir müssen etwas gegen die Milbe unternehmen. In den ersten Jahren, als die Varroamilbe auftauchte, wusste man sich nicht zu helfen. Viele haben die Imkerei damals aufgegeben, weil sie keine Medikamente anwenden wollten und ohne Anwendung ihre Bienenvölker verloren haben. Da wir vorerst keine andere Wahl haben, müssen wir uns so behelfen.«

Ein interessantes und gleichzeitig schreckliches Thema, aber auch das gehört heutzutage zur Imkerei dazu. Es war mir unbegreiflich, dass so ein gefährlicher Schädling weltweite Verbreitung gefunden hatte. Die Bienen mussten mit dem Schädling leben. Der Mensch war es, der sie dazu zwang. Hätte der

Mensch die *Apis mellifera* nicht in die ganze Welt verschleppt, hätte der Schädling auch nicht zu ihr gefunden. Jetzt war es an der Zeit, sie wieder davon zu befreien.

In Berlin gibt es Imker, die mit einer Brutscheune imkern. Sie entnehmen vermilbte Waben zu einem Zeitpunkt, wenn die Volksentwicklung am Höhepunkt ist, und dezimieren so die Milbenbelastung.

Bei der Kontrolle im September mussten wir kaum Milbenbefall hinnehmen, und so war ich erst mal beruhigt, dass meine Bienen keine Winterbehandlung über sich ergehen lassen mussten.

Jetzt blieb uns nur noch, die Fluglöcher im Oktober zu verengen und den Bienen einen guten, geruhsamen Winter zu wünschen.

Neonfarben müssen es sein

Nachdem die Arbeit an den Bienen fürs Erste beendet war, fingen wir im Herbst damit an, den Honig abzufüllen. Da ich nicht so viel eigenen Honig hatte, entschied ich mich für kleinere Gläser, damit ich so viele Leute wie möglich damit beschenken konnte. Meine Familie, meine Freunde, die Kollegen und Stammgäste im Mysliwska, meine Garten-Kunden – alle sollten meinen Honig bekommen.

Von Anfang an hatte ich vor, meinen eigenen Honig individuell zu vermarkten. Jeder Honig ist ein Produkt der Landschaft und des jeweiligen Imkers und so eigenständig, dass dies auch über eine individuelle Kennzeichnung sichtbar werden sollte.

Ewig grübelte ich über einen passenden Namen für meinen

Honig. Immer wieder kritzelte ich Blätter mit Gedanken und Assoziationen voll. »Großstadt« stand dick auf den meisten meiner Blätter.

»Vielleicht ›Großstadthonig‹?«, murmelte ich vor mich hin. Als ich Philipp, einen befreundeten Grafiker, besuchte, der mir dabei helfen wollte, das Etikett für die Gläser zu gestalten, fragte ich ihn, was er von »Großstadthonig« halte.

»Einen Namen mit ›Großstadt‹ würde ich nicht nehmen«, meinte er. »Findest du nicht, dass das g und das r hintereinander sehr hart klingen? Und außerdem denkt man bei Großstadt an Straßen und Häuser, nicht an Bienen.«

»Aber genau das ist ja urbane Imkerei!«, erklärte ich. »Mit den Konsonanten hast du allerdings recht. Vielleicht nur ›Stadt‹?«

»Was hältst du von ›Stadtimkerei‹?«

»So nennen zwei Frankfurter Künstler ihren Honig, Stadtimkerei Finger. Diesen Namen können wir nicht nehmen. Wie gefällt dir schlicht ›Bienenhonig‹?«

»Aber ›Bienenhonig‹ gibt es doch überall. Das ist außerdem eine Oberbezeichnung und kein individueller Name. Wie wäre es mit ›Berliner Blüte‹?«

»Das gab es auch schon mal bei einem Kunstprojekt«, entgegnete er.

Uns rauchten die Köpfe. Wir leerten einige Tassen Kaffee und malten noch ein paar Mind-Maps. Philipp stand irgendwann auf und tigerte im Zimmer herum – vermutlich, um besser nachdenken zu können.

Plötzlich hatte ich eine Idee: »Ich hab's!«

»Ja, und? Lass hören!«

»›Stadtbienenhonig‹«, strahlte ich Philipp an.

Er war sofort begeistert: »Genau, ›Stadtbienenhonig‹! Das ist es! Das klingt irgendwie weich und schön. Und ich mag das lange i-e in der Mitte des Namens. Es wirkt so heiter, und wird auch gedruckt auf dem Label gut aussehen.«

»Oje, das Label, das hatte ich ganz vergessen …«

»Da machen wir uns jetzt dran. An welche Farben hast du denn gedacht?«

»Ich mag zarte Farben.«

Philipp zeigte mir verschiedene Beispiele. »Rosa und olivgrün sehen schön aus, oder?«

»Ja, versuchen wir es erst einmal damit.«

Philipp entwarf das Etikett und kolorierte es. Dankbar verabschiedete ich mich von ihm.

Zu Hause zeigte ich die Entwürfe Stéphane. Als Architekt und Grafiker hat er einen guten Blick dafür, wie etwas auszusehen hat.

»No, that's not right«, kommentierte Stéphane die Entwürfe.

»Wie meinst du das, was stimmt nicht?«, fragte ich ihn. »Was muss denn noch verändert werden?«

»Die Schrift ist zu verschnörkelt. Das Etikett ist zu groß. Und die Farben!«

»Was stimmt denn mit den Farben nicht?«

»Die sind viel zu blass. Du bist überhaupt nicht blass, sondern eine starke Frau. Auch die Stadt ist nicht blass. Und der Honig kommt von hier, aus Kreuzberg. Hier ist es nicht soft und golden und warm. Sondern urban. Laut und bunt.«

»Das stimmt schon«, musste ich zugeben. »Der Honig kommt ja auch vom Dach und nicht aus einer kleinen beschaulichen Gartenoase.«

»Genau«, bestärkte mich Stéphane. »Und deswegen nehmen wir Neonfarben für das Etikett.«

»Was? Nein!«

»Doch. Neonfarben müssen es sein!«

»Oh no …«, entfuhr es mir.

Stéphane entwarf die Etiketten und druckte sie aus. In Neonfarben. Pink, Grün, Gelb, Orange und Rot. Immer noch
skeptisch, betrachtete ich sie.

»Jetzt kleben wir sie mal auf ein Glas, damit das Ganze plas-
tischer wird«, schlug er vor. »Siehst du?«, triumphierte er.
Dankbar fiel ich ihm um den Hals. »Du hattest wirklich recht,
die kräftigen Farben passen großartig zum goldenen Honig!«
Seither wird mein Honig in Gläsern mit kleinen, neonfarbe-
nen Etiketten vermarktet.

Das erste Glas schickte ich nach Boston zu meiner Schwester. Vorerst hatte ich ja nur sehr wenig Honig geerntet, so dass
ich zunächst einmal alle meine Lieben mit je einem Glas be-
dachte.

Es gibt nichts Schöneres auf der Welt, als eigenen Honig zu
verschenken. Flüssiges Gold, das den Duft des Sommers in
sich trägt. Alle waren begeistert! Keiner konnte es sich vorstellen, dass ich nun Imkerin war und meinen eigenen Honig
hatte. Nach außen hin hatte sich ja nichts verändert: Ich
wohnte mit Stéphane in unserer kleinen Wohnung, pflegte
Gärten und arbeitete ein Mal pro Woche in meiner Bar.

Aber innerlich hatte ich angefangen, mich zu verändern. Das
spürte ich schon seit einigen Monaten. Ich war ruhiger, zu-
friedener geworden, ausgefüllter. Irgendwie hatte ich das Gefühl, mit dem Imkern genau das Richtige zu tun. Das, was die
Tiere auf ihre Weise ausdrückten – das Arbeiten an einer ge-
meinsamen Sache, das Eingebundensein in den Kreislauf der
Natur und die Verbundenheit mit dem Ort, an dem sie lebten –, all das übertrug sich immer mehr auch auf mich. Ich
hatte das Gefühl, angekommen zu sein.

Erst durch die Bienen habe ich wieder eine Heimat gefunden, sie haben es mir erlaubt, endgültig in Berlin Wurzeln zu

schlagen. Ein Ort, an dem so köstlicher Honig erzeugt wurde und an dem die Bienen jedes Jahr im Frühjahr eine rasante Entwicklung durchmachten, bis sie ihre Hochzeit erlebten – das war auch ein guter Ort für mich. Hier wollte ich bleiben. Meine Suche war fürs Erste beendet.

Apis mellifera:
Das Wunder der Bienen

Wenn ich von Bienen spreche, meine ich immer die Honigbiene, wie wir sie in Europa kennen. Es gibt daneben unzählige Arten, die keinen Honig sammeln, und auch Wildbienen, die sich zum Teil gravierend unterscheiden. In allen europäischen Ländern und bis nach Asien, von Norwegen bis Afrika, von Portugal bis Afghanistan finden wir eine einzige heimische Honigbienenart, die Westliche oder auch Europäische Honigbiene, *Apis mellifera.* Dieser Name stammt vom schwedischen Naturforscher Carl von Linné, der diese Bienenart im 18. Jahrhundert fälschlicherweise so bezeichnet hat. »Mellifera« bedeutet honigbringend, und weil das nicht ganz korrekt ist, nannte er sie später um in »mellifica«, honigmachend. Trotzdem hat sich die ursprüngliche Bezeichnung durchgesetzt.

Es gibt insgesamt neun Honigbienenarten auf der Welt. Sie unterscheiden sich vor allem durch ihre Körpergröße und dadurch, wo sie leben. Einige bevölkern Höhlen, andere bevorzugen das Freie; manche bauen ihre Waben an Äste von Bäumen und Sträuchern. Außergewöhnlich ist die Riesenhonigbiene *Apis dorsata,* sie lebt in Asien. Dort baut sie ihre Waben frei hängend an Bäume. Ihre Waben sind größer als ein Quadratmeter, und sie ist viel gefährlicher als unsere Honigbienenart, denn bei Gefahr verteidigt sie sich stärker. Wenn die Menschen dort ihren Honig rauben, geschieht dies nachts, mit brennenden Fackeln.

Unsere friedliche *Apis mellifera* hat je nach Region und klimatischen Besonderheiten viele unterschiedliche Rassen ausgebildet. In ganz Nordeuropa, also auch in Deutschland, imkerte man früher mit der Dunklen Biene *Apis mellifera mellifera*, die bereits seit 10 000 Jahren hier heimisch ist. Heute, seit etwa siebzig Jahren, imkern die meisten Bienenfreunde in Deutschland mit der *Apis mellifera carnica*, der Kärntner Biene. Österreich hatte sich zu Zeiten des Zweiten Weltkrieges stark gemacht in der Bienenzucht und aus der Kärntner Biene eine Hochleistungsbiene gezüchtet. Bei der Annektierung Österreichs ans Deutsche Reich wurde kurzerhand beschlossen, die dort vorherrschende Biene als zuchtwürdig zu deklarieren und die Dunkle Biene zu verdrängen. Bis heute gelten für die *Carnica* die guten Eigenschaften: sanftmütig und wabenstetig, eifrig im Sammeln, leicht zu verhindernder Schwarmtrieb, guter Putztrieb und fester Wintersitz.

Seit ein paar Jahren gibt es wieder verstärktes Interesse an der Dunklen Biene. Sie hat ausgezeichnete Flugeigenschaften – sie fliegt weiter als zwei Kilometer –, und es wird ihr eine hohe Robustheit und eine starke Fluglochverteidigung zugeschrieben.

Der allgemeine Glaube, sie sei eine Stecherin, verliert so nach und nach an Gewicht. Wenn man auf dem Land lebt und die Imker in der Umgebung kennt, kann man sich auf eine gemeinsame Unterart einigen. Wir Imker im Stadtgebiet können nicht mit einer bestimmten Rasse imkern. Es gibt zu viele Arten, neben der am weitesten verbreiteten Kärntner Biene, die hier auf engem Raum fliegen: die englische *Buckfast*-Biene, die italienische Biene *Apis mellifera ligustica*, auch zu erkennen an ihrer gelblichen Färbung, die Kaukasische Biene *Apis mellifera caucasica* und noch einige andere.

Bei den Stadtbienen gibt es kaum reinrassige, die meisten sind

Bastarde, und ein paar wenige setzen sich stärker durch als andere. Vielfalt ist bei den Bienen immer großgeschrieben: Vielfalt in der Ernährung und Vielfalt bei der Begattung. Ob die vielen verschiedenen Rassen dazu beitragen, dass es den Stadtbienen heute so gutgeht? Das hat auch noch keiner wissenschaftlich untersucht. Bislang wird dieses Thema in den Imkervereinen hitzig diskutiert.

Ein ebenso heiß diskutiertes Thema in den Imkervereinen ist: Wer hält welche Rasse an welchem Standort? Das Schwärmen kann man als Imker ja beeinflussen, den Genpool im Bienenstock allerdings nicht. Die Drohnen aus der Umgebung, die die Königin begatten, bringen ihr genetisches Material mit und beeinflussen so die Entwicklung des Bienenstocks. Weil die Begattung im Flug stattfindet und die Imker dort nicht mehr eingreifen können, möchte man natürlich wissen, welche Imker sich in der Nähe tummeln und welche Rasse sie halten.

Die Diskussionen drehen sich vor allem um *Apis mellifera carnica* und die *Buckfast*-Bienen. Das sind hochpolitische Debatten. Die einen wollen wissen, dass die Bienen in der Kreuzung der beiden – die sich ja nicht vermeiden lässt, wenn die Bienenstände im Stadtgebiet so nah beieinanderstehen – stechlustiger werden, die anderen machen genau gegenteilige Erfahrungen. In Berlins Bienenhimmel tummeln sich Drohnen aller Art. Wir Imker müssen einen friedlichen Weg finden, damit umzugehen.

Der Bien, ein Superorganismus

Die Gemeinschaft der Arbeiterinnen, der Drohnen und der Königin wurde früher als »der Bien« bezeichnet. Das war zu einer Zeit, als man nicht wusste, dass fast alle Wesen im Bienenvolk weiblich sind. Die Gemeinschaft steht als Ganzes für eine untrennbare Einheit von drei Wesen, die eine komplexe Organisationsform entwickelt haben. Die Aufgaben der drei Wesen sind instinktiv aufeinander abgestimmt. Jede Biene informiert sich selbständig auf ausgedehnten Inspektionsgängen innerhalb des Stocks, welche Aufgaben gerade anstehen: Ist es notwendig, die Brutzellen zu reinigen? Müssen die Eier mit *Gelée Royale* versorgt werden? Haben wir noch genug *Gelée Royale*? Wer produziert welches? Wer nimmt den Nektar am Flugloch ab? Wer kommt und heizt die Brutwaben? Wer bewacht das Flugloch? Wer gibt Flugunterricht? Wo ist der Pollen? Haben wir noch genug frischen Blütenstaub? Wo befindet sich der Tanzboden? Wo gibt es die guten Futterquellen?

Sofern die momentane körperliche Entwicklung es zulässt, nimmt jedes Tier die zu erledigende Aufgabe wahr.

Die Biene ist ein dienendes Insekt und erkennt stets die Bedürfnisse der Gemeinschaft. Kein Wesen ist ohne die Gemeinschaft lebensfähig, und die Gemeinschaft kann auf kein Wesen verzichten: Ohne Königin gibt es keine gute Stimmung im Stock und auch keine Nachkommen; ohne Arbeiterinnen keine Sicherung der komplexen Lebensweise; ohne Drohnen keine Begattung der Königin.

Diese »ewige Kolonie« existiert nur, weil sich die Mitglieder ständig erneuern. Die Drohnen leben nur ein paar Monate, die Sommerbienen nur ein paar Wochen, allein die Königin lebt mehrere Jahre. Bei einem Volk, dessen Volksstärke im

Sommer 35 000 Bienen umfasst, sterben täglich 350 Bienen. Das heißt, alle Individuen sind nach jeweils hundert Tagen, also nach gut drei Monaten, ausgetauscht. Dieser Wechsel zerstört die genetische Identität des Stocks keineswegs, es ist lediglich eine Erneuerung der Zellen. Der Gemeinschaft wohnt ein Geist inne.

Steiner hat es einmal so formuliert: Wenn ein guter Freund von Ihnen in die USA auswandert, und Sie sehen ihn nach zehn Jahren wieder, dann erkennen Sie ihn gleich, weil er sein Wesen behalten hat. Lediglich seine Zellen haben sich erneuert.

Das Volkswissen und das Wesen bleiben also bestehen.

Bereits die Mönche im Mittelalter sahen in der Biene ein besonderes Wesen, weil sie Licht und Süße bringen. Sie nutzten das Wachs zur Herstellung von Kerzen, diese erleuchteten die dunklen Kirchen. Dort, wo ein Licht ist, lässt sich der Geist nieder. Der süße Honig und der süße Met, der Honigwein, machten viele Speisen erst schmackhaft.

Mich erstaunt es nicht, dass den Bienen schon seit Urzeiten gehuldigt wird. Je intensiver ich mich selbst mit ihnen befasste, je besser ich sie verstand, desto begeisterter war ich. Sie sind wirklich ein Wunder der Natur.

Die biologischen Eigenschaften eines Bienenvolkes sind den Eigenschaften eines Säugetieres sehr ähnlich. Das vermutet man kaum, ist doch die äußere Erscheinungsform der Gattungen sehr unterschiedlich: das Bienenvolk, das sich den Jahreszeiten und der Volksentwicklung entsprechend ständig ändert; und demgegenüber das Säugetier und der Mensch, die, einmal geboren, stetig größer werden, bis sie erwachsen sind. Innerlich ist die Biene den Säugetieren viel ähnlicher: Die Säugetiere besitzen große Gehirne und sind unter den Wirbeltieren die lernfähigsten. Honigbienen haben ebenfalls sehr gute kognitive Eigenschaften, die sie unter den wirbellosen Tieren besonders auszeichnen.

Beide haben auch eine sehr niedrige Vermehrungsrate und halten die Körpertemperatur bei 35 Grad Celsius, beide produzieren in speziellen Drüsen die eigene Muttermilch – bei den Bienen ist das die Schwesternmilch, der Futtersaft, der von den Ammenbienen erzeugt wird. Darüber hinaus sind sowohl Säugetiere als auch Bienen in der Aufzucht unabhängig von der äußeren Umwelt, weil sie ihren Nachkommen eine schützende innere Umwelt bereitstellen. Und nicht zu vergessen der Wachsbau der Bienen, der von Biologen oft mit dem Knochenbau der Säugetiere verglichen wird – schließlich handelt es sich hier ebenfalls um ein Gerüst, das den Körper des Volkes hält. Ist nicht auch unser Knochenbau mehr als nur Gerüst? Er ist für uns genauso unerlässlich wie der Wabenbau für die Bienen.

Vielleicht besteht darin auch der Reiz, den die Bienen auf uns ausüben. Wir entdecken in ihnen ein Wesen, das auf den ersten Blick so anders erscheint und dann bei näherem Hinsehen uns doch in vielen Dingen ähnlich ist.

Die Perfektion der Wabe

Das Nest der Bienen besteht aus Wachswaben. Dieses Nest ist nicht Teil der äußeren Umwelt, an die sich Bienen im Laufe der Evolution angepasst haben, es ist Teil ihrer inneren Umwelt, die sie selbst erschaffen haben. Alle Bienen leben fast nur im Stock, sogar Sammelbienen verbringen neunzig Prozent ihrer Zeit auf den Waben.

Erst mit dem Alter von etwa zwölf Tagen nimmt die Größe

der Wachsdrüsen im Hinterleib der Arbeiterinnen zu. Das Wachs, ein fetthaltiges Sekret, entsteht in insgesamt acht Drüsenfeldern der Honigbienen. Diese Wachsdrüsen sind am leistungsfähigsten bei Arbeitsbienen, die zwischen 12 und 18 Tage alt sind. Danach bilden sie sich eigentlich wieder zurück. Sie können sich aber wieder ausbilden, wenn sie gebraucht werden, zum Beispiel wenn der Imker alle jungen Bienen entnimmt und nur ältere Bienen im Stock zurückbleiben. Die Wachsproduktion unterliegt genauso wie das Nektarsammeln dem Gesetz der Effizienz. Es wird nur dann produziert, wenn es notwendig ist, und nur so viel, wie gebraucht wird.

Pro Arbeitsgang schwitzt die Biene acht Wachsschuppen aus, spießt sie mit dem Hinterfuß auf und reicht sie nach vorne zu den Mundwerkzeugen, wo sie durchgeknetet und durch Sekrete der Oberkiefer- und Kopfspeicheldrüsen weiter geschmeidig gemacht werden. Dafür braucht die Biene pro Wachsschuppe etwa vier Minuten. Für ein Kilo Wachs sind etwa vier Millionen Wachsplättchen notwendig. Das ist in etwa die Menge, die die Bienen brauchen, wenn sie alle Waben neu anlegen müssen. Dafür brauchen sie die Energie aus 7,5 Kilogramm Honig. Ein mittelgroßes Nest besteht aus etwa 100 000 Zellen.

Im fertigen Werk sehen alle Zellen gleich und regelmäßig aus. Die Zellwände sind genau 0,07 Millimeter dick, alle Winkel zwischen den glatten Wänden betragen exakt 120 Grad. Die Waben hängen genau senkrecht und sind ganz leicht zum Zellenboden geneigt. Diese Präzision ist faszinierend. Den Abstand zwischen benachbarten, parallel hängenden Waben wählen die Bienen so, dass zwei Bienen problemlos Rücken an Rücken passieren können. Eine fertiggebaute Wabe ist ein echtes Kunstwerk.

Zugleich dient den Bienen das Wachsschwitzen zur Entgiftung ihres Körpers. All das, was sie aus dem Nektar filtern, scheiden sie über das Wachs aus. Weil sich das gesamte Leben dort auf den Waben abspielt, dient der Wabenbau als Tanzboden, zur Kommunikation, als Vorratsspeicher für den Honig, als Kinderstube. Die Waben werden anhand des magnetischen Feldes der Erde ausgerichtet, der Bienenkörper dient als Pendellot.

Die Bienen benutzen beim Bau einer Wabe ihren eigenen Körper als Schablone und bauen um sich herum zylinderförmige Röhrchen. Eine sechseckige Form nehmen die Zellen dadurch an, dass die Bienen mit ihren Körpern die Temperatur des Wachses auf 35 Grad Celsius erhöhen. Das Wachs wird flüssig. Aufgrund der inneren mechanischen Spannung werden die Wände zwischen den Waben glatt, eben und einheitlich.

Temperaturregelung

Je nach geografischen Gegebenheiten kann sich die Honigbiene an die äußeren Temperaturen anpassen. Sie kann in der Wüste leben und im hohen Norden. Das ist ihrer Eigenschaft der inneren Temperaturregelung zu verdanken. Bienen halten während der gesamten Brutperiode von Februar bis Oktober am Brutnest eine Temperatur von 35 bis 37 Grad Celsius. Die Wärme wird von den Bienenkörpern erzeugt, die bei der Verbrennung von Kohlenhydraten, also Honig, Wärme abgeben. In einem fast lückenlosen Brutnest findet man immer wieder leere Zellen. Früher dachte man, die Königin wäre schlampig, weil sie nicht jede Zelle bestiftet hat. Heute weiß man, dass bei Bedarf darin Heizerbienen ihren Platz einnehmen, um von dort aus die Temperatur zu erhöhen. Andere Bienen sitzen auf den Brutwaben und heizen mit ihrem Körper von oben. Muss der Stock dagegen gekühlt werden, wird von außen Wasser eingetragen, um die Zellen damit zu benetzen. Zusätzlich fächeln Bienen. Sie stehen am Flugloch und schlagen mit den Flügeln. So erzeugen sie einen Luftstrom.

Im Winter wird es in der gesamten Beute kühler, es wird nur die Traube geheizt, die jetzt etwa 20 Grad warm ist. Die Bienen wandern ständig von außen nach innen und transportieren dabei tröpfchenweise Honig nach innen, wo die Königin gefüttert und gewärmt wird.

Ich mute meinen Bienen oben auf dem Dach relativ hohe Temperaturschwankungen zu, im Gegensatz zu einem halbschattigen Standort unter Bäumen. Auf dem Hausdach bekommen die Beuten am Morgen Sonnenlicht ab, wenn es noch nicht so heiß ist, und später am Tag stehen sie durch einen Kaminschacht im Schatten. Bislang entwickeln sie sich gut. Wenn die Bienenbeuten in voller Sonne stehen, kann es dazu führen, dass das Wachs anfängt zu schmelzen und die Bienen es nicht mehr schaffen, genügend zu kühlen.

Bei der Temperaturregulierung brauchen die Bienen viel Energie – und ihre Energiequelle ist der Honig. Der Honigertrag wird also auch davon beeinflusst, wie anstrengend ein Standort für die Bienen ist.

Lustselbstmörder

Das Sexualleben der Honigbienen ist ein ganz besonderes: Die Begattung findet in den hohen Lüften statt. Der Duft, den die Königin ausscheidet, ist so stark, dass er erst in zwanzig Metern Höhe zu wirken beginnt. Dort erreicht er die Drohnen an den Sammelplätzen.

Jahr für Jahr fliegen die Drohnen zu Sammelplätzen hoch oben in der Luft, so dass schon mal Drohnenwolken von 200 Metern Länge entstehen können. Wenn die Königin im Stock ganz nah mit den Drohnen lebt, wird sie von diesen nicht erkannt, erst in luftiger Höhe. Die junge Königin ist nach ein paar Tagen geschlechtsreif und tritt dann ihren Hochzeitsflug an.

Mittlerweile hat man beobachtet, dass die Königin nicht alleine ausfliegt, sondern im Geleit ihrer Arbeiterinnen. Vielleicht sind sie es, die ihr den Weg zeigen? Die Königin fliegt ja nur ein einziges Mal in ihrem Leben aus. Im Flug wird sie von einem Drohn mit den Hinterbeinen ergriffen. Er stülpt seinen Endphallus aus und entleert seine Samenblase in die Königin. Es kommt zum Knall, der Drohn explodiert noch in der Luft. Lustselbstmörder!

Dieser Vorgang wiederholt sich einige Male, bis zu zehn Drohnen können die Königin begatten, so lange, bis ihre Samenvorratskammer gefüllt ist. Dann kehrt sie wieder in den Stock zurück, wo sie fortan den Rest ihres Lebens verbringt. Die Königin trägt Samen für die Entstehung einer halben Million Tiere in sich. Sie kann dann befruchtete Eier legen, daraus entstehen die Arbeiterinnen, oder unbefruchtete Eier, daraus entstehen die Drohnen.

Die Natur hat diese Begattung so eingerichtet, damit die genetische Vielfalt der Population erhöht wird – es werden also nur wenige Ei-Trägerinnen hervorgebracht, dafür aber viele Spermienträger. Bei den meisten Tieren ist es genau andersrum: Wenige (Alpha-)Männchen begatten viele Weibchen. Bei den Honigbienen gibt es jährlich viele hundert Drohnen und sehr wenige Jungköniginnen, es sind nur etwa zehn pro Volk. Neigt sich die Samenvorratskammer der Königin dem Ende zu, kann sie nur noch unbefruchtete Eier legen, woraus Drohnen entstehen. Sie beendet dann ihre Rolle in der »ewigen Kolonie«.

Tanzen!

Die Fähigkeit zu kommunizieren nimmt mit dem Alter der Bienen zu. Ein Höhepunkt in der Bienensprache ist der Schwänzeltanz, der Tanz, bei dem Bienen ihren Kolleginnen zeigen, wo sich die Futterquelle befindet. Bevor sie ausfliegen und nachdem sie ihre Stockarbeiten wie Putzen, Pflegen, Bauen und Honigmachen erledigt haben, kommen sie als Wächterinnen an das Flugloch.

Etwa ab dem 18. Lebenstag übernehmen sie die Wache am Flugloch: Sie stehen aufmerksam vor dem Eingang zum Bienenstock und untersuchen jeden Ankömmling mit ihren Fühlern auf den eigenen Stockduft hin. Nehmen sie einen fremden Geruch wahr, wird der Eindringling mit aller Macht davon abgehalten, den Stock zu betreten.

Der August ist für die Wächterinnen am arbeitsintensivsten. Dann sind es nicht nur die Drohnen, die immer wieder versuchen, doch noch Unterschlupf zu finden, sondern dann kommen auch noch die Wespen hinzu. Allen voran die Gemeine Wespe und die Deutsche Wespe, die sich auch für den süßen

Honig interessieren. Es ist wichtig, dass die Imker die Fluglöcher ganz klein halten, weil sonst die Wespen schwache Bienenvölker ausräubern.

Die Wächterbienen machen oft von ihrem Giftstachel Gebrauch. Daran sterben sie übrigens nicht: Nur wenn Bienen Menschen stechen, bleibt der Widerhaken in der Haut stecken, reißt der Biene eine tödliche, klaffende Wunde in den Hinterleib, und sie muss dabei ihr Leben lassen.

Erst mit einem Alter von 21 Tagen wandeln sich die Arbeiterinnen zu Flugbienen. Sie treten jetzt vor allem ihre Aufgabe als Tracht- oder Sammelbiene an.

Wenn man Bienen auf Blüten beobachtet, kann man sehen, dass an einem sonnigen Tag immer mehr Bienen kommen und der Baum anfängt zu summen. Das ist etwas ganz Besonderes: Bei der Imkerei werden alle Sinne intensiv angesprochen. Das Hören, wenn die Bienen zum Sammeln ausfliegen und summen. Das Schmecken, wenn der Honig geerntet ist. Das Fühlen, wenn man am Bienenstock steht und sich vergewissert, ob alles in Ordnung ist. Das Sehen, die genaue Beobachtung. Und der würzige Geruch der Honigwaben sowie der liebliche Duft der Blumen in der Umgebung. Über die Zeit hinweg haben sich mir diese unterschiedlichen Dimensionen eröffnet. Ich habe das Gefühl, ich nehme alles viel genauer wahr, seitdem ich mit den Bienen zu tun habe. Je länger man sich einer Sache widmet, desto schöner und intensiver wird das Erleben – man bekommt auf einmal so viel zurück, viel mehr, als man gegeben hat.

Im Frühjahr ist es ganz besonders toll, wenn die Obstbäume plötzlich zu summen beginnen. So erkennt man, dass immer mehr Insekten davon erfahren haben, dass es dort zu diesem Zeitpunkt den besten Nektar in der Umgebung gibt.

Wenn die Sammelbiene eine gute Nektarquelle auf ihren Ausflügen entdeckt, kehrt sie mit einer Nektarprobe in den Stock zurück und berichtet von ihrem Fund. Sie tanzt ihren Kolleginnen vor, wo sich die Blüte befindet. Der komplette Tanzzyklus dauert nur ein paar Sekunden und findet auf einer kleinen Fläche von zwei bis vier Zentimetern statt. Das ist der »Marktplatz oder Tanzboden«, wo sich Tänzerinnen und interessierte Sammlerinnen treffen.

Alle Bewegungen folgen einer bestimmten Choreographie. Die Schilderung des Weges geschieht durch das Anzeigen der Richtung und der Länge des Weges. Es genügt sozusagen ein einziger Vektor. Die präzise Koordinierung der Richtung im dunklen Nest ist nur möglich, weil die Waben exakt senkrecht hängen und nach der Schwerkraft ausgerichtet sind. Wenn der Himmel bewölkt ist, orientieren sich die Bienen nach dem Polarisationsmuster.

Die Bienen sehen beim Flug die aktuelle Position der Sonne und übersetzen die Winkel, die sich aus der Position Bienenstock plus Sonne und der Position Bienenstock plus Nektarquelle ergeben, in einen Tanz. Die Entfernung der Nektarquelle zeigt sich unter anderem darin, wie lange getanzt wird. Je nach Oberflächenstruktur der Landschaft gibt es dort aber auch viele unterschiedliche Interpretationsmöglichkeiten.

Dies alles ist mit dem bloßen Auge kaum sichtbar. Tänzerinnen erfahren die Information wahrscheinlich über ihre Antennen und über die Vibrationen auf dem dünnen Wachsboden. Das summende Geräusch ist dabei nur den flirrenden Flügelbewegungen geschuldet, es ist jedoch nur Bestandteil der Bienenkommunikation, nicht ihre eigentliche Sprache.

Propolis

Neben dem Sammeln von Pollen und Nektar und der Beschaffung von Wasser zur Temperaturregulation müssen die Bienen auch Kittharz zur Herstellung von Propolis besorgen. »Propolis« ist griechisch und heißt »vor der Stadt«. Es wird auch Bienenharz genannt. Damit dichten die Bienen kleine Öffnungen, Spalten und Ritzen in ihrem Stock ab. Dieses Bienenharz hat eine antibiotische, antivirale und antimykotische Wirkung. Die Bienen überziehen auch das Innere der Wabenzellen für die Brut mit einem hauchdünnen Propolisfilm, um Krankheiten vorzubeugen.

Den Grundstoff für Propolis sammeln die Bienen an Knospen und Rinden von Bäumen – vor allem an Birken, Buchen, Erlen, Fichten, Pappeln, Rosskastanien und Ulmen. Propolis riecht sehr stark nach Wald und hat eine gelblich-bräunliche Färbung. Der typische Geruch, der von einem Bienenstock verströmt wird, kommt durch intensiv duftende Propolis zustande.

Was dieser Stoff kann, hat mir Bernd gezeigt. Seitdem nehme ich Propolis als eine Art von Medizin ein, zum Beispiel bei den ersten Anzeichen einer Erkältung. Ich nehme nur drei Tropfen auf die Zunge oder in heißes Wasser. Auch Schnittwunden heilen mit Propolis sofort. Man kann eine Tinktur aus ihr herstellen, indem man sie in hochprozentigem Alkohol löst. Ein Wundermittel, das wir Imker leider nicht als solches vertreiben dürfen, da wir natürlich keine Zulassung für den Vertrieb von Arzneien haben.

Das erste Jahr beginnt:
Meine Bienen haben Geschichten
zu erzählen

Ein halbes Jahr nachdem ich mein erstes Bienenvolk bekommen hatte, kündigte Roman an, dass das Dach ausgebaut werden müsse. Die Bienen mussten weg.

Fieberhaft suchte ich nach einem neuen Standort. Ich fragte alle, die ich kannte. Niemand wusste ein geeignetes Dach, zu exotisch war ich mit meinem Anliegen.

Eine befreundete Kuratorin schlug vor, die Bienen auf dem Dach einer Galerie unterzubringen. Leider erlaubten es die Besitzer nicht. »Aber ich habe noch eine andere Idee«, sagte sie. »Ich kenne einen Künstler, der mit Tieren arbeitet. Er hat sein Atelier im Aqua Carrè. Vielleicht magst du da mal nachfragen?«

Nachdem ich mich telefonisch angemeldet hatte, fuhr ich gleich am folgenden Tag zu Conrad von Rössing, der das Künstlerhaus gegründet hatte und jetzt verwaltete. Ich hatte ein Glas Honig dabei. Aufgeregt klopfte ich an der Tür zu seinem Büro.

»Hallo, ich bin die Imkerin, die gerne Bienen auf eurem Dach halten würde«, sagte ich.

Vor mir saß ein gutaussehender, freundlicher, etwa vierzigjähriger Mann. Er schaute mir in die Augen, hörte mir genau zu und sagte schließlich: »Mir gefällt deine Idee. Städtische Landwirtschaft passt prima zu uns. Das ergänzt uns als Künstlerhaus mit Malern, Skulpturenbildnern, Fotografen, Architekten, Musikern, Barbetreibern, Handwerkern, Sporttreibenden. Wir verkaufen hier auch Wodka und Tee, außerdem gibt es eine Kantine, die täglich für alle im Haus kocht. Sie haben vielleicht Interesse daran, den Honig für das Essen zu verwenden.«

Zusammen stiegen wir aufs Dach und überlegten, wo es mittags Schatten gab und wo die Bienen wirklich niemandem in die Quere kommen würden. Wir vereinbarten, dass ich die Bienen innerhalb von einer Woche wegschaffen würde, wenn sich jemand von den Mietern im Haus oder in der Nachbarschaft beschweren sollte. Dann verabschiedete er mich mit: »Hier ist der Schlüssel. Herzlich willkommen!«

Ich war selig. Ich fand, dass sich mein Dach wunderbar einfügte in die Reihe der Dächer berühmter Stadtimker. Außerdem war der Standort perfekt. Von dem Kreuzberger Künstlerhaus sind es nur ein paar Schritte bis zum Landwehrkanal, östlich erreicht man in wenigen Minuten die Gemeinschaftsgärten am Moritzplatz. Hier würden meine Bienen genügend Anflugstellen haben.

Was mir am Aqua Carrè besonders gefällt, ist, dass durch seine Geschichte und seine Lage das Urbane meiner Bienenhaltung betont wird. Imkerei ist eben nicht nur das hübsche und nette *backyardbeekeeping*. Imkerei kann auch auf versiegelten Flächen stattfinden. Unser Bild von Imkerei verändert sich in dem Maße, in dem sich auch unser Bild von der Stadt verändert. Bei »Stadt« denken viele nur an Schmutz, Lärm, Verkehr, Autos. Es gibt hier aber auch grüne Oasen, botanische Gärten, Parkanlagen, Verkehrsinseln, Brachflächen, Blumen und Bäume, wohin man schaut. Berlin hat allein mehr als 400 000 Bäume.

Alleine auf dem Künstlerhausdach

Nach der ersten längeren Schlechtwetterperiode im Winter brachte ich meine Beuten auf das Aqua-Carrè-Dach. So würden sich die Bienen im Frühjahr neu einfliegen können. Hier war es einfacher, denn es gab einen Aufzug, der bis in das Dachgeschoss führte. Ich nahm mir vor, dieses Jahr Ableger zu bilden.

Wann immer ich Rat brauchte oder Tätigkeiten alleine nicht durchführbar waren, rief ich Bernd an. Aber, und das nahm ich mir vor, ab jetzt würde ich selbst für meine Tiere verantwortlich sein. Ich musste lernen, eigene Entscheidungen zu treffen und eigene Wege zu gehen.

Dabei musste ich gleich in meinem zweiten Imkerjahr eine Prüfung bestehen. Als ich im März 2009 auf das Dach kam, um zu sehen, wie meine Bienen den Winter überstanden hatten, erwartete mich ein Schock: Vor den Beuten lagen Tausende tote Bienen!

Ein Notanruf bei Bernd brachte dann Entwarnung: »Das müssen die Winterbienen sein, die nun sterben und im Inneren des Stocks schon die erste Generation Sommerbienen aufgezogen haben. Sie waren seit Oktober im Bienenstock. Nach sechs Monaten ist ihre Zeit gekommen zu gehen. Im Stock befinden sich im März circa 5000 Bienen. Im Mai werden es 35 000 Bienen sein, nur zwei Monate später!«

Dank Bernds schneller Hilfe war ich erst einmal beruhigt, aber sofort tauchten neue Fragen auf: Hoffentlich haben die Völker noch genügend Futter für die vielen jungen Bienen, die jetzt aufgezogen werden. Wenn das Wetter lange Zeit im Frühjahr kalt ist, können sie auch nicht ausfliegen und frischen Pollen und Nektar eintragen. Alle Imker sind in diesen ersten Wochen nervös. Habe ich im August letzten Jahres genug eingefüttert? Haben sie die Milbenbelastung im Winter überstanden? Soll ich mit Honig nachfüttern? Wenn ich jetzt den Stock öffne, störe ich die Winterruhe der Bienen? Die Aufgeregtheit der Völker führt zur erhöhten Nahrungsaufnahme, das kalte Wetter ermöglicht keinen Reinigungsflug, wenn die Bienen im Stock abkoten, wird der ganze Stock krank …

Ich zwang mich zur Ruhe. Nur durch Ausprobieren würde ich schlau werden, auch wenn es dabei um das Leben äußerst fragiler Wesen ging. Zunächst öffnete ich die Fluglöcher, die ich über den Winter verkleinert hatte. Meine Völker waren in diesem Winter nicht eingegangen. Das konnte ich hören, indem ich vorsichtig einen kleinen Plastikschlauch in die Öffnung der Beuten schob und ihn an mein Ohr hielt. Alles wunderbar: Dort drinnen summte und rauschte es wie das Meer, nur viel leiser natürlich.

Jedes Volk erzeugt einen anderen Ton. Es gibt auch Imker, die einmal auf die Beute hauen, dann hört man das Volk aufbrausen. Fängt es sich gleich wieder, ist mit den Bienen alles in Ordnung, bleiben sie aufgebraust, stimmt etwas nicht. Ich nahm lieber den Plastikschlauch, wie Bernd es mir gezeigt hatte, so konnte ich auch die unterschiedlichen Tonlagen hören.

Weil das Wetter so gut war, bekam die Beute noch schnell einen neuen Anstrich, damit sie wieder schön aussah. Ich bemerkte dabei ein paar Kotspritzer, aber nur ganz wenige. Das deutete darauf hin, dass die ersten Bienen schon zum Reinigungsflug unterwegs waren.

In den vergangenen sechs Monaten hatten die Bienen den Honig verzehrt und langsam die Kotblase gefüllt. In dem zeitigen Frühjahr entleerten sie die Kotblase bei ihren ersten sogenannten Reinigungsflügen. Man kann den Kot als gelb-orangerote kleine Striche erkennen, die sich rund um die Beuten befinden. Auch auf weißen Autos sind sie oft gut zu sehen. Das sind die Momente, in denen man eine verständnisvolle Nachbarschaft braucht. Es gibt mittlerweile auch Künstler, die Bienen auf Leinwände auskoten lassen. Und Kunstliebhaber, die dafür richtig viel Geld ausgeben.

Sie fliegen wieder!

Ich hatte schon alles vorbereitet, und vor allem hatte ich in den vergangenen Wintermonaten viel gelesen. Über die Verhaltensweisen von Bienen, über unterschiedliche Regeln in der Bienenhaltung, über unterschiedliche Bienenbeuten ... Während Bernd und ich das Material für die kommende Saison vorbereiteten, diskutierten wir über die unterschiedlichen Herangehensweisen.

Es gibt tausend Feinheiten in der Bienenhaltung, die jeder anders machen kann, aber es gibt ein paar Grundregeln, die man beachten muss. Alles, was der Gesunderhaltung der Bienenvölker dient, muss gemacht werden.

Im April waren Bernd und ich bei ihm im Schuppen und löteten Mittelwände ein. Es gibt sie seit knapp hundert Jahren, und sie erleichtern den Bienen die Arbeit. Auf den vorgefertigten Wachswänden sind die Zellen für die Arbeiterinnen schon eingestanzt. Die Bienen müssen diese Zellen nur noch ausziehen. So müssen sie weniger von ihrem eigenen Wachs herstellen. Wenn die Mittelwände ausgezogen sind und der Honig darin eingelagert ist, können wir diese ausschleudern. Ich hatte mich schon im letzten Jahr gefragt, ob bei dieser

Methode die Vorteile überwogen. »Bernd, sollen wir nicht in diesem Jahr die Bienen selbst bauen lassen? Über das Wachs werden doch auch Giftstoffe ausgeschieden. Außerdem sind die künstlich hergestellten Mittelwände viel fester und dichter als eine natürlich gebaute Wabe. Funktioniert denn dort überhaupt die Kommunikation mit dem Schwänzeltanz?«

»Ja, mit deinen Bedenken hast du nicht ganz unrecht. Deshalb mache ich es so, dass ich den Bienen einen Baurahmen einhänge, den Drohnenrahmen, den ich im Zuge der Varroabekämpfung entnehmen kann. Da lasse ich die Bienen bauen. Ich gebe ihnen sogar die unbebrüteten Waben vom letzten Jahr im Frühjahr. Dann müssen sie nicht so viel Wachs ausschwitzen und können gleich den Honig verarbeiten. Wir wollen doch den guten Ahorn- und Kastanienhonig ernten und dann im Anschluss auch den Akazienhonig, oder?«

Bernd imkerte schon seit so vielen Jahren, er hatte sich mit diesen Zweifeln schon öfters befasst. Fragen über Fragen.

»Ich würde aber so gerne sehen, wie die Bienen bauen. Ich habe so viel darüber gelesen. Außerdem würde ich mir so gerne die *Warré*-Beute bestellen.« Das ist eine Holzbeute, die kleine Fenster zum Beobachten hat. »Wir könnten den Bienen nur Anfangsstreifen geben und sie dann selbst weiterbauen lassen. Den Honig können wir pressen und nicht schleudern, weil die Waben so klein sind und nicht so stabil. Oder wir lassen den Honig einfach drin und machen gar nichts an den Bienen. Wir beobachten nur.«

Bernd fand die Idee super: »Wir müssen aber gegen die Varroamilbe behandeln. Das ist das Einzige, wo uns die Hände gebunden sind. Am besten stellen wir die *Warré*-Beute dann dort auf, wo wir Neuimker vom Verein ausbilden, so dass alle beobachten können, wie Bienen wirklich bauen.«

So vergingen die Tage. Gespräche über Bienen enden nie. Es

gibt so vieles, was einem dazu einfällt, und wenn dann auch noch zwei Menschen gleichermaßen von den Bienen verzaubert sind …

Zur Zeit der Kirschblüte im April fuhr ich das erste Mal wieder alleine zu meinen Bienen. Vollgepackt mit sieben leeren Beuten, alle gefüllt mit Mittelwänden, die ich auf die bestehenden draufsetzen würde. Ich erweiterte meine Bienenvölker, weil sie sich ab jetzt explosionsartig entwickeln würden. Wichtig ist es, Raum zu geben, sonst gehen sie gleich in Schwarmstimmung, wenn es ihnen zu eng wird.

Jetzt war der Zeitpunkt gekommen, wo ich die Beute nach dem Winter öffnen durfte, nicht bloß mit dem Plastikschlauch hören, ob alles in Ordnung war. Vorsichtig öffnete ich mein Bienenvolk. Es wuselte und wuselte, alle waren beschäftigt, sie liefen von Wabe zu Wabe, ein paar schauten mich irritiert an. Ich war mindestens genauso irritiert. Was ist denn hier alles los! Es war kaum zu glauben, aber diese Tiere hatten nun die letzten Monate hier drinnen verbracht. Oder waren das schon die ersten Sommerbienen?

Ich gab ein paar Rauchstöße aus dem Smoker, und alles zog sich sofort auf die Waben zurück und fing an, Honig zu saugen. Was wollte ich eigentlich? Ich musste mich wieder konzentrieren. Die Rähmchen waren mit Propolis und Wachs verkittet und gingen schwer auseinander. Bloß keine Erschütterungen, dachte ich, nicht noch mehr Unruhe stiften als nötig.

Für Bienen sind die Eingriffe der Imker wie Naturkatastrophen, die sie stoisch und gelassen hinnehmen, auch wenn immer wieder Glieder ihres Organismus ihr Leben dabei lassen müssen. Die Arbeit an den Bienen sollte deswegen wirklich zügig erfolgen, wohlüberlegt und ruhig.

Ich hängte ein Rähmchen zur Seite, damit ich alle anderen bewegen und mir das Brutnest ansehen konnte. Zum Schluss wollte ich noch die Futterkranzprobe ziehen, um die Bienen auf die Amerikanische Faulbrut untersuchen zu lassen. Das ist eine meldepflichtige Bienenkrankheit, die das gesamte Volk töten kann.

Nachdem ich die Beute wieder verschlossen hatte, nahm ich den Schleier ab und ließ mir den frischen Wind ins Gesicht blasen. Da erst merkte ich, dass ich trotz der frühlingshaften Temperaturen schwitzte, so konzentriert war ich darauf gewesen, nichts falsch zu machen. Das würde sich mit den Monaten legen. Bald schon würde ich ganz gelassen an den Völkern arbeiten. Aber heute war ich das erste Mal wieder mit den Luftwesen zusammen, von denen ich die letzten sechs Monate nur geträumt hatte!

Schwarmmonat Mai

Alle Imker wissen, dass der Mai der arbeitsintensivste Monat ist, denn das ist die Zeit, in der sich die Bienenvölker vermehren, also teilen. Der Imker braucht die ganze Ausstattung, alles muss vorbereitet sein, die Ableger werden gebildet, Schwärme verhindert oder eingefangen, und es kann der erste Honig geschleudert werden. Die Bienen sind in einer super Stimmung.

Das Schwärmen der Bienen hat einen ganz besonderen Zauber. Beim Schwärmen zieht zuerst die alte Königin aus dem Stock aus. Einen großen Teil, etwa siebzig Prozent der Bienen, nimmt sie mit. Ein Drittel der Arbeiterinnen hinterlässt sie, dazu fertiggebaute, mit Honig, Pollen und jungen Larven gefüllte Waben. In diesen Palast schlüpfen die jungen Prinzessinnen.

Ob ein Volk schwärmen wird, entscheidet nicht die Königin, sondern die Gemeinschaft der Bienen. Es ist auf dem Höhepunkt der Entwicklung. Es ist gesund, hat viel Energie und will sich teilen. Der Imker kann die Schwarmvorbereitung des Volkes daran erkennen, dass es viel Brut in den Zellen gibt und die Behausung zu klein zu werden droht. Wie viele Schwärme von einem Bienenvolk abgehen, ist unterschiedlich. Der erste Schwarm geht mit der alten Königin, die nächsten ziehen mit den jungen Prinzessinnen.

Sind die Prinzessinnenlarven groß genug, kommt es zum Auszug des ersten Schwarms. Die Arbeiterinnen, welche die alte Königin begleiten werden, füllen ihren Magen mit Honig aus den Vorräten. Der Proviant reicht maximal vier Tage. Bis dahin muss eine neue Behausung gefunden sein.

Kurz vor dem Auszug beginnen die wanderwilligen Bienen wild durcheinanderzuwuseln. Sie erzeugen hochfrequente Vibrationspulse, ziepen die Königin an ihren Flügeln und beißen sie in die Beine. Dann strömt ein »Bienenfall« aus dem Nest und bildet zusammen mit der alten Königin in der Nähe eine Schwarmtraube. Spürbienen erkunden die Umgebung und halten Ausschau nach einer geeigneten Behausung. Sie suchen nach Baumhöhlen. Leider gibt es in der Stadt nicht mehr so viele alte hohle Bäume, deshalb sieht man Schwarmtrauben auch hoch oben in den Bäumen hängen, an Fenstersimsen, unter Dachbalken, an Zäunen, Sträuchern, in Hecken oder Mauervorsprüngen. Das sind aber nur temporäre Orte. An keinem kann das Bienenvolk den Winter überstehen, wenn es dort nicht vom Imker abgeholt wird.

War eine Spürbiene erfolgreich, kehrt sie zur Schwarmtraube

Das ist eines meiner Lieblings-Bienenbilder, weil es die fröhliche, heitere Stimmung transportiert, die das Imkern auf dem Dach bringt. Gerade habe ich meinen ersten Bienenschwarm eingefangen – ein lange erwartetes Ereignis!

oben: So sieht es aus, wenn Bienen schwärmen. Hier bin ich mit meinem Imkerpaten Bernd Bendig zugange, der mir bei meinem ersten Schwarm behilflich war.

rechte Seite: Die verlassenen Gebiete in Detroit haben Stéphane und mich von Anfang an berührt. Dort soll mit Hilfe unseres Bienenprojektes eines Tages wieder Leben einkehren: durch Menschen, die die Brachflächen bewirtschaften, und Bienen, die die angebauten Pflanzen bestäuben, damit Feldfrüchte wachsen.

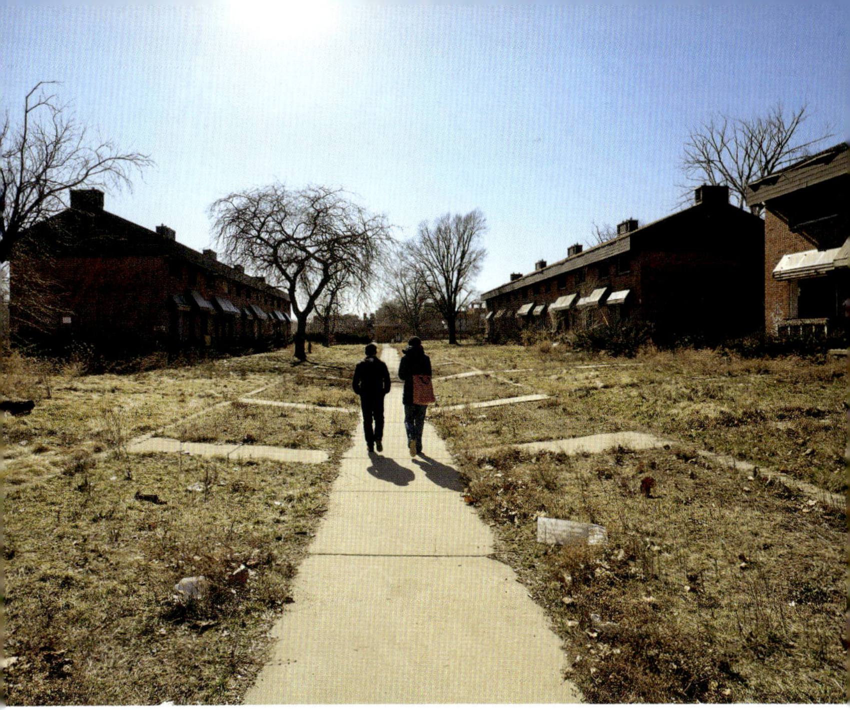

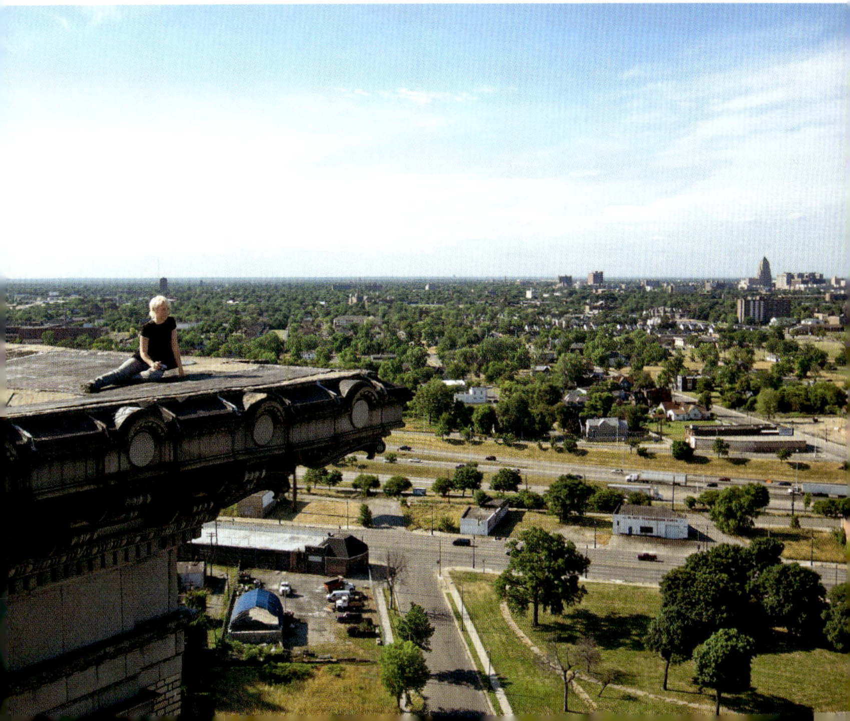

linke Seite: Mit Hilfe des Stockmeißels ziehe ich vorsichtig ein Rähmchen aus der Beute. Es ist Sommer und die Honigräume sind gut gefüllt, so dass die Rähmchen bereits etwa 1,5 kg wiegen.

oben links: Meine Bienen genießen die laue Sommerluft. In der Sonne leuchten sie in einem warmen Gelbton, obwohl sie eigentlich eine eher braun-graue Färbung haben.

oben rechts: Ein Drittel dieser Wabe ist schon mit dem weißen Jungfernwachs verdeckelt. An der Oberseite des Rähmchens sieht man die Wachsbrücken, die die Bienen selbst bauen, um von einer Wabe zur anderen zu gelangen.

Ein Thema, das mir sehr am Herzen liegt, ist die Bienenweide. Viele Menschen wissen gar nicht, welche Pflanzen besonders gute Nahrungsquellen für Bienen sind. Hier zeige ich einige dieser guten Bienenweiden im Jahresverlauf.

Vorfrühling (Februar/März): Haselnuss und Schneeglöckchen

Vollfrühling (März/April): Apfel, Kirsche

Frühsommer (Mai/Juni): Robinie, Ehrenpreis, Wildrose

Hochsommer (Juni/Juli): Borretsch, Büschelschön, Lavendel

Spätsommer (Juli/August): Heide, Herbstanemone

Auf meine Bienen und ihren Honig bin ich richtig stolz. Immerhin haben sie dafür ein paar Millionen Flugkilometer zurückgelegt.

zurück und führt dort einen Schwänzeltanz auf – mit Bienenkörpern als Tanzboden. Dieser vibriert nicht so schön wie die
Waben, lockt also nur wenige Nachtänzerinnen an. Trotzdem
muss das gesamte Volk so schnell wie möglich von dem neuen
Nistplatz in Kenntnis gesetzt werden. Auch das löst der
»Geist« des Bienenvolkes auf wundersame Weise: Die Bienen, die weniger gute Höhlen entdeckt haben, verstummen
nach und nach, so dass am Ende nur noch für die beste Höhle
getanzt wird.

Nun dringen die Tänzerinnen in das Innere der Schwarmtraube vor. Auf komplexen dreidimensionalen Wegen kämpfen sie sich durch die Bienen hindurch und beschallen so viele
ihrer Schwestern wie möglich: Mit der Flugmuskulatur erzeugen sie einen hohen Piepton, der als Vibration direkt auf
alle berührten Bienen übertragen wird. Jede Biene, die den
Piep vernommen hat, erhitzt umgehend. Innerhalb von etwa
zehn Minuten glüht der gesamte Schwarm.

Sobald er auf 35 Grad Celsius aufgeheizt ist, explodiert er regelrecht: Alle Bienen fliegen gleichzeitig nach oben. Eine laut
brausende Kugel von mehreren Metern Durchmesser entsteht. Die Bienen, die das Ziel kennen, schießen geschwind
durch die Traube hindurch zur neuen Behausung und wieder
zurück zur Bienenwolke.

Bevor das passiert, sollte der Imker kommen. Wenn man einen Bienenschwarm sieht, der einem Imker abgehauen ist,
ruft man bei der Feuerwehr an. Dort liegen Telefonnummern
von Imkern parat, die sich bereit erklären, Schwärme einzu-
fangen. Sie haben eine Schwarmfangkiste dabei oder auch eine
Beute, in die der Schwarm eingeschlagen wird. Das akzeptie-
ren die Bienen als neues Zuhause und fangen sofort an, wieder Waben zu bauen. Beim Auszug als Schwarm orientieren

sich die Bienen völlig neu. Theoretisch und auch praktisch kann man deswegen den eingefangenen Schwarm neben seine Tochterkolonie stellen.

In der Stadt wird Imkern empfohlen, das Schwärmen zu verhindern: weil sich Menschen vor einer 20 000 Bienen starken, laut brausenden Schwarmwolke fürchten. Und auch deshalb, weil dieser Anblick in der Stadt ungewöhnlich ist. Die Bewegung des Schwarms vollzieht sich, und als Mensch ist man ohnmächtig, dort einzugreifen. Man kann das Naturschauspiel nur beobachten. Das schürt Angst.

Im Frühjahr 2010 fuhr Heinz, ein Imkerkollege von mir, Mitte April in den Urlaub, weil er dachte, die Bienen würden erst im Mai schwärmen.

Heinz hatte seine Bienen im Prinzessinnengarten und bei sich zu Hause auf dem Balkon. Der Prinzessinnengarten, der nur ein paar Schritte vom Aqua Carrè entfernt am Moritzplatz liegt, ist seit zwei Jahren ein Gemeinschaftsgarten. Als ich nach Berlin zog, war der Moritzplatz noch eine wilde Brachfläche, auf der sonntags ein Flohmarkt stattfand. Wegen der spärlichen Nutzung haben sich dort Robinien und Götterbäume in kleinen Wäldern angesiedelt. Marco Claussen und Robert Shaw, zwei junge, charismatische Typen, räumten im Sommer 2009 diese Brachfläche gemeinsam mit den Nachbarn aus Kreuzberg auf und legten einen Gemeinschaftsgarten an.

Nach ökologischen Richtlinien pflanzten sie Gemüse und Obst in Säcken und Kisten, so dass der Garten mobil bleibt, selbst wenn die Stadt ihre Nutzungserlaubnis nicht verlängert. Besonders im Sommer wird der Garten stark frequentiert: Die schweren Jungs helfen den Hipstern beim Beete, umgraben, die russische Großmutter gibt den jungen Vätern

Tipps, wie sie die Kartoffeln ziehen können. Viele Leute machen mit. Ich sitze oft unter den hohen Bäumen im Café und erhole mich in dieser Oase, lese und unterhalte mich mit den Menschen dort über die Vorzüge von wilder Natur in der Stadt. In diesem Café wird auch mein Stadtbienenhonig verkauft.

Im Frühjahr 2010 war die Witterung so gut, dass die Bienenvölker explodierten. Vor dem Urlaub hatte Heinz seine Bienenvölker nicht erweitert. Jetzt brauchten sie Platz und schwärmten aus.

Aufgeregt rief Heinz mich aus Italien an: »Erika, kannst du einen Schwarm für mich einfangen?« Er klang atemlos.

»Ja, im Prinzip schon. Wo hängt er denn?«, wollte ich wissen.

»Der Schwarm sitzt in einem Gartenhaus. Gerade hat mich mein Nachbar alarmiert.«

Ich düste sofort los. Die Tür in besagtem Gartenhaus öffnete mir ein sympathischer Mittvierziger, von dem ich sofort dachte, dass er eigentlich ein cooler Typ sei. Aber sobald er den Mund aufmache, merkte ich, wie angespannt er war.

»Zwei Bienen sind aus meinem Jalousiekasten gepurzelt!« Er hatte Angst um sein Eigentum. »Jemand erobert mein Haus!«, rief er aufgeregt. »Ich habe hier wertvolle Musikinstrumente stehen. Was passiert, wenn die Bienen an mein Saxophon gehen?«

»Deinem Saxophon wird nichts passieren«, beruhigte ich ihn. Im schlimmsten Fall, wenn die Bienen in ihre neue Behausung Honig eintragen, ihn aber nicht verbrauchen, weil sie den Winter nicht überlebt haben, fängt der Honig an zu gären. Das kann unangenehm riechen und eine ziemliche Sauerei sein. Das Nest und den Honig muss man dann auf eigene Kosten entfernen.

»Und wer bezahlt die Gerüstbauer?«, bohrte er weiter. Erst da bemerkte ich die zwei großen Männer. »Wir haben Angst vor Bienen«, stammelte der eine etwas verlegen, »wir wollen nicht gestochen werden!« Er hielt sich an seinem muskulösen, von Tätowierungen überzogenen Arm fest. Ich musste fast lachen, so putzig sahen die beiden aus.

»Jungs, die Bienen interessieren sich nicht für euch«, versicherte ich ihnen. Es waren vielleicht zwanzig Bienen, die die drei Männer in Unruhe versetzten. Der Rest hatte sich unter ein Flachdach hinter einen Mauervorsprung verzogen.

»Ich bekomme die Bienen so nicht raus. Und Heinz kommt erst in drei Tagen aus dem Urlaub zurück«, sagte ich und versuchte so viel Beruhigung wie nur möglich in meine Stimme zu legen. »Wir warten jetzt entweder, bis Heinz wiederkommt, oder wir holen den Schädlingsbekämpfer. Eine andere Lösung fällt mir momentan nicht ein.«

»Honigbienenvolk?«, fragte der Schädlingsbekämpfer am Telefon. »Das ist ökologisch zu wertvoll. Ich komme nicht, um die Bienen zu vergiften. Da müssen Sie schon erst mal einen Tag warten, ob die überhaupt dort bleiben. Vielleicht ziehen sie ja morgen weiter. Außerdem gehören die Bienen dem Imker, bei dem Eigentumsverhältnis gehe ich nicht dazwischen.« Wir vereinbarten, einen Tag zu warten. Und am nächsten Tag waren die Bienen tatsächlich weitergezogen.

Doch am übernächsten Tag bekam ich erneut einen Anruf von Heinz: »Meine Bienen schwärmen!«

»Schon wieder, Heinz«, entgegnete ich leicht ironisch.

»Ja! Sie hängen ganz toll in einer Linde, nur drei Meter hoch. Der Pförtner vom Abgeordnetenhaus hat mich gerade informiert.« Dort hatte Heinz einige seiner Völker untergebracht, seit er an dem Projekt »Berlin summt« teilnahm, bei dem Bienenstöcke auf bekannten Berliner Häusern stehen.

Es war halb eins. Die Bienen schwärmen immer um die Mittagszeit, zwischen 12 und 15 Uhr. Diese Situation klang schon eher nach imkerlicher Arbeit für mich. Hier würde ich mehr tun müssen als ein paar Kerle beruhigen. Zum allerersten Mal würde ich ganz alleine einen Schwarm einfangen.

Ich sprang ins Auto und fuhr durch die mittägliche Hitze Richtung Potsdamer Platz.

Das Abgeordnetenhaus ist ein beeindruckender Bau aus gelbem Sandstein, mit vielen Säulen und Rundbögen. Tatsächlich hing vor dem Gebäude ein Bienenschwarm. Über einem Fahrradständer in einer jungen Linde. Eine große schwarze summende Traube, Tausende Bienen in der Luft! Ich wusste, ich musste die Bienen erwischen, solange sie in dieser Traube hingen. Manchmal dauert das nur drei Stunden. Je früher man Bescheid weiß, desto besser. Eigentlich ist es für den Imker das Wichtigste, Ruhe zu bewahren. Aber das fiel mir in diesem Moment ganz schön schwer: Die Bienen summten laut durcheinander und waren so gut drauf, dass ich selbst ganz schwarmlustig wurde.

Drei Techniker und ein Pförtner standen mir zur Seite. Zuerst bat ich sie um eine Leiter. Außer mir traute sich niemand rauf, also begann ich nach oben zu klettern. In der Hand hatte ich einen Eimer, die Schwarmfangkiste war bei Bernd – und der war nicht da. Ich wollte die Bienen in einen Eimer fegen und diesen dann in die bereitgestellte Bienenkiste auf dem Dach leeren.

Aber die Leiter war zu kurz. Ich schlingerte ganz schön und rief nach unten: »Darf ich den Ast vielleicht abschneiden?« So einen jungen Baum vor dem Abgeordnetenhaus beschnitt ich nur ungern.

»Klar, junge Frau!«, rief die Herrenrunde vergnügt von unten hoch. Einen Astschneider hatte ich ohnehin immer im Auto,

für die Gartenarbeit. Vorsichtig schnitt ich den zweifinger-
dicken Ast ab.

Die Bienen fielen mit dem Ast zu Boden. Oh nein! Nun lagen
sie alle auf dem Boden, mein Eimer in der anderen Hand war
leer. So geht das nicht, dachte ich. Einer der Techniker hatte
dann die Idee: »Junge Frau, wir holen jetzt die Bienenkiste
vom Dach runter, und dann fegen Sie die Bienen gleich da
rein.«

Super Idee. Ich fing an, den Ast in kleine Stücke zu schneiden,
um diese dann in die Kiste zu legen.

Und dann bekamen wir eines dieser faszinierenden Schau-
spiele geboten, die das Imkern so einzigartig machen: den
Einzug der Bienen. In Spiralen bewegten sie sich nach unten
in die Kiste. Alle zum Mittelpunkt der Kiste hin, wo sich die
Königin befinden musste. Alle fächelten mit ihren Flügeln,
um die Luft mit dem Pheromon der Königin anzureichern
und allen Bienen den Weg zu weisen. Ich schloss den Deckel
der Kiste und ließ nur das Flugloch offen. Immer noch kreis-
ten viele in der Luft und wollten nicht so recht ins Dunkle
nach drinnen gehen. Mit dem Besen schob ich sie ins Flugloch. Ich hatte keinen einzigen Stich bekommen. Die Bienen
nahmen alles so hin. Ich hatte ihnen ein neues Zuhause ge-
schenkt.

Nach eineinhalb Stunden waren noch immer über hundert
Tiere in der Luft. Schließlich schleppte einer der Hausmeister
große blaue Plastiksäcke und eine Sackkarre an. »Können wir
damit vielleicht etwas anfangen?«, fragte er mich.

Es war toll, wie alle mithalfen. Die Säcke konnte ich prima
über die verbleibenden Bienen stülpen, die Kiste luden mir
die freundlichen Herren auf die Sackkarre. Und so ging es
durch die Hochsicherheitskontrollen im Abgeordnetenhaus.

Wir müssen selbst ein Schauspiel geboten haben: eine weiß verschleierte Imkerin mit summender blauer Plastikwolke samt stolzen Hausmeistern. Staunende Leute in Kostümen und schwarzen Anzügen guckten uns nach.

Auf dem Dach stellten wir die Kiste auf, entfernten die Plastiksäcke und ließen die Bienen in Ruhe. Laut Bürgerlichem Gesetzbuch gehören die Bienen dem Imker, der sie einsammelt. Ich schenkte die Bienen am Abgeordnetenhaus aber natürlich Heinz.

An diesem wunderbaren Nachmittag fuhr ich beseelt nach Hause, es waren nur 15 Minuten mit dem Auto. Kaum angekommen, fing es draußen an zu regnen. Es gab ein Gewitter. Gut, dass die Bienen nun in der Kiste sind, dachte ich noch, und dann fiel ich glücklich und erschöpft ins Bett.

Schon wieder Alarm

Nach dem Freitag am Abgeordnetenhaus wollte ich mich erholen und erst am Sonntag wieder zu meinen Bienen gehen. Am Sonntag aber war ich immer noch erschöpft. Im Frühsommer habe ich immer viel in den Gärten zu tun, dann die Schwarmgeschichten der vergangenen zwei Tage, dazu noch jede Woche einen Abend in der Bar.

Also schlief ich am Sonntag aus, frühstückte gemütlich mit Stéphane und legte mich wieder ins Bett. Dort dachte ich die ganze Zeit an meinen Bienenstand und bat insgeheim um Verzeihung, dass ich mich nicht blicken ließ. Am Montag ging ich wieder gärtnern und nahm mir vor, allerspätestens am Dienstag bei den Bienen vorbeizuschauen.

Dienstagmorgen um halb elf fuhr ich gemütlich meinen Computer hoch und fiel fast vom Stuhl, als ich die erste Mail las. Sie hatte den Betreff: »Bienen schwärmen!«

Gunnar, der als Grafiker in einem Büro im Nebengebäude des Aqua Carrè arbeitete, hatte mir über das Kontaktformular meiner Homepage www.stadtbienenhonig.com eine E-Mail geschickt. Am Montag! Ich schrieb sofort zurück und bat nach einer Telefonnummer.

Sie kam keine zwei Minuten später.

»Sind die Bienen noch da?« Diesmal war ich die Atemlose am Telefon. Wie gut ich Heinz' Aufregung in diesem Moment nachvollziehen konnte!

»Ja, sie sind noch da. Direkt vor meinem Fenster. Ich rede ihnen gut zu, damit sie sich nicht bewegen«, scherzte Gunnar noch, aber da hatte ich den Hörer schon fallen gelassen und war aus der Tür gestürmt.

Mit quietschenden Reifen fuhr ich nach Kreuzberg. Ich sprang aus dem Auto und schaute nach oben. In acht Metern Höhe, wo sich die Äste zweier Platanenbäume trafen, sah ich die Bienentraube hängen. Es waren Tausende, ein riesengroßer Schwarm, doppelt so groß wie der von vor zwei Tagen. Gunnar hatte sich bereits darum gekümmert, dass das Auto, das direkt unter der summenden Meute geparkt war, weggefahren wurde. Keine Ahnung, wie er das angestellt hatte, aber er schien die Leute dort zu kennen.

Ich alarmierte Ted, den Hausmeister vom Aqua Carrè, der mir mit der längsten verfügbaren Leiter zu Hilfe eilte, während ich eine leere Beute aus dem Auto holte. Dann rief ich Bernd an, um ihn mit einer langen Stange herzubeordern. Damit müsste es klappen. Bernd, der Engel, fuhr sofort los. »Es dauert aber 25 Minuten, bis ich da bin.«

Es war halb zwölf, als wir alles vorbereitet hatten. Es war keine Zeit zu verlieren. Wir schauten alle gespannt in den Himmel. Jetzt musste es losgehen. Und siehe da, es ging los, ohne uns!

Zwischen den Bäumen, wo die Bienen sich seit einem Tag sammelten, bewegte sich die Schwarmtraube auf einmal in einer wunderschön anzuschauenden Spiralbewegung nach oben. Jetzt wurde ich wirklich nervös, denn Bernd war immer noch nicht da. Per Handy instruierte er mich, dass ich ganz genau beobachten sollte, wo der Schwarm hinflog, damit wir ihn wieder einfangen könnten.

Staunend sahen wir, wie sich der gesamte Schwarm in der Luft verteilte. Wollten sie zurück aufs Dach? Oder ganz woandershin? Keiner konnte es genau sagen, aber wir vermuteten, dass sie Richtung Bienenstand flogen. War die ganze Aufregung umsonst gewesen?

Als Bernd schließlich ankam, waren wir anderen schon dabei, alles abzubauen. Auf dem Dach dann die große Überraschung: Der Schwarm war wieder da! Genau da, wo er hingehörte. Jetzt mussten wir nur noch eine Beute bereitstellen, und die Bienen hatten ein neues Zuhause.

Genau bei diesem Volk war mir eine Woche zuvor beim Durchsehen die Jungkönigin in die Hand geschlüpft. Genau in dem Moment befreite sie sich aus der Weiselzelle, indem sie den Wachsdeckel aufbiss. Ich hatte so sehr gestaunt: Was für ein Augenblick! Was für ein Zufall! Was für ein Glück! Dass ich das erleben durfte! Ich konnte ihre ersten Bewegungen beobachten, sie hatte soeben das Licht der Welt erblickt. Sie war wunderschön anzusehen. Ich wusste, was sie noch vor sich hatte, den Hochzeitsflug, das Regieren ihres Staates, ein kleines Wesen mit einer großen Aufgabe.

Leider hatte ich kein Beutenmaterial bei mir, um ihr einen
Ableger zu bauen. Ich hatte überlegt, was ich tun sollte, und
ließ sie schließlich einfach wieder in den Stock laufen. Da
wäre sie jetzt ja auch, wenn ich sie nicht gesehen hätte. Sie
konnte ja mit ein paar wenigen einen Vorschwarm bilden? Ich
hatte mir vieles gewünscht, und ihr habe ich auch vieles gewünscht. Vielleicht war sie es, die jetzt wieder zurückgekom-
men war?

Neue Völker braucht der Stand

Bernd und ich begannen noch am selben Tag, die Völker zu
teilen. Wir sahen alle Beuten durch und machten gleich mehrere Ableger, bevor noch mehr Schwärme abhauten.
Es gibt viele Arten, Ableger herzustellen, ganze Bücher wurden schon darüber geschrieben. Ich habe mich dafür entschieden, die Völker kurz vor der natürlichen Teilung zu vermehren. Das Volk sollte meines Erachtens in den Zustand des
Schwärmens kommen, um den gesunden Geist zu spüren.
Wir nahmen die Brutwaben mit den ansitzenden Weiselzellen
und verteilten sie in kleinere Kisten, jeweils die Wabe mit den
Weiselzellen, noch zwei Brutwaben dazu und leere Mittelwände, Pollenwaben oder auch Honigwaben. In den alten
Völkern füllten wir die leeren Räume mit leeren Mittelwänden auf.

Dann nahmen wir uns des kleinsten meiner Völker an, das
immer noch auf einer Zarge saß und sich nicht entwickelte.
Wir zogen uns Handschuhe an, und Bernd öffnete mit dem
Stockmeißel vorsichtig den Deckel. Sofort griffen sie uns an.

In Scharen! Obwohl ich sofort mehrere Stiche abbekam, versuchte ich mich weiter zu konzentrieren.

Bienenstiche sind, solange man nicht gegen das Gift allergisch ist, völlig harmlos. Jeder Mensch reagiert anders darauf, und seitdem ich die Bienen besser kenne und weiß, wann sie stechen, nehme ich die Schmerzen einfach in Kauf. Immer wieder führe ich mir vor Augen, dass es den Bienen in der Situation schlechter geht als mir.

Das konnte man an diesem armen Volk deutlich erkennen. Es hatte ein verkümmertes Brutnest, die Bienen sahen alt und erschöpft aus. Sie waren in Angriffsstimmung, aber ich konnte ihnen deshalb nicht böse sein. Sie lebten in einer dem Tod geweihten Kolonie, der sie bis zum Schluss treu blieben. Es waren auch nicht mehr so viele darin zu sehen, nur ein paar hundert.

Ich wusste, was jetzt kommen würde. »Erika, die sind drohnenbrütig. Du musst das Volk auflösen.«

Wenn die Königin stirbt, und auch keine junge Königin da ist, fangen einige der Arbeiterinnen an, Eier zu legen. Weil sie nur unbefruchtete Eier legen können, aus denen Drohnen entstehen, geht das Volk langsam zugrunde. Da ich nicht wollte, dass alle diese armen, fleißigen Bienen starben, musste ich versuchen, sie auf andere Völker aufzuteilen.

Bernd wollte gleich loslegen: »Du musst ganz viel Rauch geben, dann füllen die übrigen Bienen ihre Mägen mit Honig, und du kannst sie von der Beute abfegen. Danach sollen sie sich bei den anderen einbetteln.«

Herrje. Dafür war ich nach dem ganzen Aufruhr mit den schwärmenden Bienen an diesem Tag nicht bereit. »Das mache ich beim nächsten Mal. Da muss ich mich mental darauf einstellen, Bernd. Mein gutes Bienenvolk vom letzten Jahr, es war mein bestes! Ich kann es doch nicht einfach auflösen!«

»Auf jeden Fall musst du was tun, dem Volk wird es nicht bessergehen, wenn du wartest.«

Ich versprach es, schließlich wollte ich auch nicht, dass die Bienen jämmerlich sterben mussten, weil ich zu feige war, sie aus dem Stock zu treiben. Aber der Tag hatte mich einfach geschafft. Als ich nach Hause kam, meldeten sich auch die von den Stichen angeschwollenen Stellen wieder.

Stéphane hatte gar kein Mitleid mit mir. »Tja, Erika«, sagte er. »Die Bienen haben dir eine Szene gemacht, weil du ihnen versprochen hattest, am Sonntag zu kommen, und es immer wieder verschoben hast.«

Stéphane sprach es aus, aber insgeheim hatte ich dasselbe gedacht. In diesen Tagen haben die Bienen Vorrang vor allem. Da muss das Gärtnern zurückstehen und die Bar und die Beziehung zu Stéphane und alle anderen Termine. Entweder imkert man so diszipliniert, dass es nicht zum Schwärmen kommen kann, oder man hält sich diese Tage frei und ist jederzeit auf Abruf.

Aber vielleicht war ich einfach nicht streng genug mit meinen Tieren. Mein Imkerkollege Mel aus den USA fragte mich einmal: »Kontrollierst du deine Bienen oder kontrollieren deine Bienen dich?«

Ich weiß es nicht. Vielleicht will ich meine Bienen einfach so lassen, wie sie sind. Ich glaube, ich will sie gar nicht kontrollieren. Schließlich sind Bienen nicht domestiziert. Sie sind nicht wie Hunde oder Hamster, die die Menschen zu ihrem Gefallen halten. Bienen sind eben wilde Tiere, und genau das gefällt mir so an ihnen.

Zum Glück lief die Auflösung des schwachen Volkes am Ende sehr glimpflich ab. Ein paar Tage später kam ich, um genau das zu machen, was Bernd mir aufgetragen hatte. Dick verpackt in Handschuhen und Schleier, nahm ich die Kiste zur Seite und gab viel Rauch, erst durchs Flugloch, um die Bienen schon mal vorzuwarnen, dann öffnete ich den Deckel.

Sie waren immer noch in derselben schlechten Stimmung wie beim letzten Mal. Attackierten mich, versuchten mich zu stechen, durch die Jeans durch, wo immer es ihnen gelang. Ich versuchte stoisch zu arbeiten, fegte sie alle ab und ließ die Beute in zehn Metern Entfernung stehen. Alle Bienen flogen zum alten Standort zurück. Dort versammelten sie sich und suchten nach ihrem Zuhause. Der Anblick war so furchtbar, dass ich sofort den Bienenstand verließ und hoffte, sie würden sich doch noch bei den Nachbarsvölkern einfliegen.

Als ich zwei Tage später erneut kam, um nachzusehen, hatte sich glücklicherweise alles gefügt. Die Beute des schwachen Volkes war leer, und es waren keine toten Bienen zu sehen. Das blühende Leben. Überall herrschte ruhiger Flugbetrieb. Ich hatte es geschafft.

Darf der Mensch eingreifen?

Nachdem ich die Vorgänge des Schwärmens und der Völkerteilung so intensiv miterlebt hatte, begann ich mich für Selektion zu interessieren. Der kleine Ausschnitt, den ich als Imkerin erlebte, brachte mich immer mehr dazu, über das große Ganze nachzudenken.

Die Selektion der Bienenvölker ist etwas Notwendiges. Vor allem heute, wenn wir mit allen Mitteln versuchen, die Honigbiene für die Menschheit zu erhalten. Eigentlich stehen wir der Evolution im Weg. Nach dem Prinzip der Evolution gibt es die natürliche Selektion, die geschwächte Völker nicht überwintern lässt, so dass das genetische Material weniger robuster Tiere eliminiert wird. Wir Imker dagegen haben viele Möglichkeiten, auch schwache Völker zu erhalten, und wenden sie auch an.

Wenn man ohnehin nicht so viele Bienen hat, möchte man keins der Völker verlieren. Die Imker mit nur wenigen Völkern, und das sind in Deutschland 95 Prozent, müssen eine Auswahl treffen und nur die besten vermehren. Das ist wirklich schwierig. Wie soll man entscheiden, welche die besten sind? Welche Eigenschaften möchte ich im Sinne der gesamten Imkerschaft fördern?

Ich persönlich finde es gut, wenn die Bienen schwärmen, dann zeigen sie mir, dass sie gesund sind. Wähle ich also nur die Völker aus, die schwärmen? Eines der obersten Zuchtziele des Deutschen Imkerbundes ist jedoch die Schwarmträgheit. Viele Imker in Deutschland erkennen diese Richtlinie an. Sie vermehren also vor allem schwarmträge Völker.

Mittlerweile gibt es auch gegenteilige Meinungen, die sich durchsetzen. Die Organisation Mellifera, ein Verein, der sich mit imkerlichen Fragen intensiv beschäftigt, hat Bestimmungen erlassen, nach denen das Schwärmen zur wesensgemäßen Bienenhaltung gehört. Sie hält in der Umgebung von Stuttgart über hundert Bienenvölker. Die Schwärme fliegen aus, und weil man genau weiß, wo sie hinschwärmen, werden sie einfach wieder eingefangen.

Zu Beginn meines Imkerdaseins war mir das alles noch viel zu komplex. In diesen Tagen war ich froh, dass ich Bernd an meiner Seite hatte. Durch seine Anwesenheit war alles viel einfacher. Ich trug doch die gesamte Verantwortung für die Bienenvölker, und es lag an mir und meiner Handlungsweise, wie gut es ihnen ging. Er war immer so aufmerksam und ließ mich auch neue Vorschläge einbringen. Das bewundere ich sehr an ihm: dass er zwar seit Jahrzehnten imkert, aber immer noch anerkennen kann, dass es andere Meinungen und neue Ideen gibt.

Damals schwirrte mir der Kopf von den vielen Details, auf die man achten muss. Ich war froh, wenn ich nur einen Teil davon richtig machte. Ich ging fest davon aus, dass ich mit jedem Jahr dazulernen würde. Und gleichzeitig wollte ich selbst offen bleiben und Althergebrachtes hinterfragen.

Mittendrin statt nur dabei:
Die Berliner Imkerschule

Mit Bernd lernte ich auf den Spuren der Bienenliebhaber ein ganz neues Berlin kennen. Er kannte nicht nur alle Leute, die sich in den letzten 25 Jahren in der Imkerei engagierten, er kannte auch unzählige Geschichten aus seiner Heimatstadt. Die Geschichten aus der Hauptstadt, die vielen älteren Menschen, die ich durchs Imkern kennenlernte, der Geschmack des Honigs, der die Landschaft, in der wir wohnen, in sich trägt – all das führte dazu, dass Berlin immer mehr zu meiner Heimat wurde. Durch die Bienen und den Honig fing ich an, Wurzeln zu schlagen.

Bernd erzählte mir auch, dass es in Berlin früher eine Imkerschule gegeben hatte. Vor gut dreißig Jahren schlossen sich mehrere Imker zusammen, engagierten eine ausgebildete Imkerin und bewirtschafteten über hundert Bienenvölker. In einem Ausbildungszentrum der Hotellerie am Kurfürstendamm wurde der Honig abgefüllt. Bernd hatte auf dem Dach des Hotels, das er leitete, 15 Bienenvölker stehen.
Bernd war richtig stolz, als er von den alten Zeiten berichtete: »Das war ein großes Unternehmen, wir ernteten jedes Jahr 1,5 Tonnen Honig. Der Honig wurde im Glas des Deutschen Imkerbundes vertrieben. Wir haben viele Menschen von der Imkerei begeistert und viele Jungimker ausgebildet.«
Das erinnerte mich an Paris, wo ich Europas älteste innerstädtische Imkerschule besichtigt habe, die im Jardin de Luxembourg im Quartier Latin ansässig ist. Bernd meinte aller-

dings, dass es dort viel verschulter zuging als damals in Berlin, wo alle einen eher unternehmerischen Anspruch ans Imkern hatten.

»Und wieso gibt es diese Schule heute nicht mehr? Das wäre doch enorm wichtig für Berlins Imkernachwuchs«, fragte ich.

»Als die Wende kam, verlegten wir das meiste aufs Land, nach Brandenburg, weil wir dachten, dass Imkern dort eine größere Rolle spielen würde als in der Stadt. Im Osten waren Bestäubungsprämien gezahlt worden, und dort wurden Obst- und Ölfruchtkulturen wie Raps und Sonnenblumen bestäubt. Der vor kurzem gegründete Bund der Bestäubungsimker möchte es in Zukunft in Deutschland so machen, dass die Bienenvölker dort angeliefert werden, wo sie zur Bestäubung fehlen, weil es keine ortsansässigen Imker gibt.«

»Oh Gott, das entwickelt sich ja genauso wie in Amerika«, antwortete ich. »Dabei sieht man doch heute, dass es den Bienenvölkern nicht bessergeht, wenn sie Tausende von Kilometern auf Trucks gefahren werden, wenn der Honig weniger wert ist als die Bestäubungsleistung und wenn dann alles noch industrieller wird. Ich bin der Meinung, wir sollten nicht die gleichen Fehler wie die Amerikaner machen. Wir müssen in Bienenweide investieren, um die Lebensgrundlagen für unsere Bienen zu verbessern. Ob wir auf dem Land leben oder in der Stadt, das spielt doch keine Rolle!«

Bernd war da mittlerweile gleicher Meinung. Schließlich hatte er beides schon erlebt, das Imkern in der Stadt und den Auszug auf das Land.

Zwei Königinnen zu viel

Um seinen Bienenstand langfristig zu erhalten, ist es wichtig, Ableger, sprich Jungvölker, zu bilden. Wir hatten ja in diesem Jahr schon ein paar Ableger gebildet, die bei Bernd im Garten standen. Es war Juni, und die Honigräume füllten sich unentwegt mit Robiniennektar. Bald schon konnten wir den ersten Honig in diesem Jahr ernten.

Allerdings gab es zwei Bienenvölker bei mir auf dem Dach, die keinen Pollen eintrugen. Das war kein gutes Zeichen, denn offenkundig hatten sie keine Brut. Und das gerade jetzt in der Haupterntesaison!

Ich überlegte, was ich tun sollte. Da fiel mir ein, dass ein Kollege aus dem Imkerverein immer berichtet hatte, dass er sehr gute Zuchtköniginnen aus dem Saarland bezog. Der Imker hatte so von den Bienen seiner Zuchtköniginnen geschwärmt, dass ich mir zwei bestellte, für je zwanzig Euro. Die daraus entstehenden Bienen sollten wabenstet und sanftmütig sein, einen ordentlichen Putztrieb haben und die Varroa einigermaßen in Schach halten. Gute Überwinterung, kein zu hoher Futterverbrauch im Winter, perfekte Wabenverdeckelung im Honigraum, keine Dickwaben. Ja, das hörte sich wirklich gut an.

Kurz darauf kamen die Königinnen mit je vier Begleitbienen mit der Post. Sie waren jeweils in einen kleinen gelben Plastikkäfig gepfercht und zusammen in einen Umschlag gesteckt worden, auf dem stand: »Vorsicht Bienen, bitte nicht werfen.« Vorsichtig gab ich ihnen ein bisschen Honig zum Lecken und besprühte sie mit ein wenig Wasser.

Stéphane war auch aufgeregt, als er die Bienen in dem Minikäfig sah. »Haben sie danach kein Trauma? Können sie einfach so verschickt werden?«

Darauf wusste ich auch keine Antwort. Ich beschloss, die Bienen über Nacht in meiner Wohnung zu lassen, damit sie etwas Ruhe bekämen, bis ich sie morgen aufs Dach brachte.

Am nächsten Tag fuhr ich zu meinen Bienen und wollte die Königinnen einsetzen. Dabei musste ich sichergehen, dass wirklich keine Königin im Volk war, sonst würden sich die alte und die neue Königin bekämpfen. Dann stirbt die neu eingesetzte, wenn das Volk mit der alten noch zufrieden ist. Sicherheitshalber kontrollierte ich noch einmal, ob ich Brut in den Waben finden konnte. Und siehe da! Dort, wo vor ein paar Tagen noch nichts zu sehen war, sah ich nun frisch verdeckelte Brutwaben.

Ich fiel fast um, als ich sah, dass die zwei Völker doch Brutwaben und damit Königinnen hatten! Ich hatte einfach nicht lange genug gewartet: Eine Jungkönigin verlässt ihr Volk zum Begattungsflug erst, wenn sie eine Woche alt ist. Ein Begattungsflug dauert nur kurze Zeit. Zurück in der Kolonie, geht sie einmal über alle Waben. Bevor sie dann anfängt, Eier zu legen, dauert es drei Tage. Bis die ersten Zellen verdeckelt sind, noch einmal drei. Diesen zeitlichen Umfang hatte ich einfach unterschätzt. Die Bienenvölker hatten sich eigene Jungköniginnen gezogen.

Ich musste wohl lernen, geduldiger zu sein. Meistens regelten die Bienen ja doch alles selbst, bevor ich von außen eingriff. Ich hatte mich so sehr von den Erfolgsgeschichten anderer Imker beeindrucken lassen, und dachte nun, ich müsste meinen Völkern die besten Königinnen vom Züchter geben, damit sie gut durch den Winter kamen. Es war wirklich schwer, bei dem Überangebot an Züchtern und Informationen, wie man alles noch besser machen kann, die Ruhe zu bewahren. Stattdessen nahm ich mir nun vor, entspannt zu bleiben und die Bienen machen zu lassen. Für die Zukunft wollte ich in so einem Fall frische, offene Brut dazuhängen und abwarten, ob die Völker noch eine Weiselzelle bilden und sich eine Königin ziehen, wenn sie keine haben.

Jetzt aber stand ich ratlos vor meinen Stöcken. Wohin mit den neuen Königinnen? Das blaue Volk hatte so viele Brutwaben, dass ich ihnen keine neue Königin einsetzte. Sie waren super, wie sie waren. Daneben stand ein Ableger, den ich Anfang Mai mit einer Königin vom letzten Jahr gemacht hatte. »Gut, dann muss halt jetzt die alte Königin gehen«, seufzte ich.

Ich erkannte sie gleich, weil sie vom Züchter gekennzeichnet worden war. Mit dem Finger nahm ich sie von der Wabe und warf sie in einen Eimer. Mein Herz klopfte ganz laut. Ich musste schnell die neuen Königinnen vom Züchter unterbringen! Sie waren durch ihren Postweg bestimmt total traumatisiert.

Also setzte ich nach wenigen Stunden die neue Königin mit guten Gedanken in den Ableger: »Ich glaube, du bist eine ganz Gute und super für das Volk.« Ich hoffte, die Arbeiterinnen akzeptierten die neue Königin. Nach drei Tagen sah ich, dass das Volk ihre neue Königin gut angenommen hatte.

Die zweite Königin hatte ich in das Volk mit dem gelben Boden einlaufen lassen. Dort hatte ich zwar die alte Königin nicht gefunden, fand aber, dass es immer ein etwas schwaches Volk war. Vielleicht fanden das die Arbeiterinnen auch? Ich weiß bis heute nicht, ob sie angenommen wurde.

Bienenstich und Kaffee

Ab Anfang Juni hatte wie jedes Jahr die Belegstelle vom Imkerverein Reinickendorf geöffnet. Hier kann man kleine Völker mit jungen, unbegatteten Königinnen aufstellen, damit sie von den vorhandenen Vatervölkern begattet werden. Zwar hatten alle meine Völker gute Königinnen, so dass ich die Dienste der Drohnen nicht in Anspruch nehmen musste. Doch Bernd nahm mich mit, damit ich Imker aus anderen Vereinen kennenlernen konnte und auch, um die Belegstelle sehen zu können.

Wir parkten im Wald, am Ufer des Tegeler Sees. Von dort sind es noch zehn Minuten zu Fuß, vorbei an Gehegen mit Rehen. Schließlich sahen wir eine Lichtung im Wald und standen dann vor einem abgezäunten Gelände. Dort waren 15 Bienenbeuten aufgestellt, in Reih und Glied angeordnet, grün gestrichen, und davor fünfzig bunte Holzhäuschen auf hohen Stangen. Auf sie schienen jetzt am Nachmittag die Sonnenstrahlen, die sich durch die hohen Buchen kämpften und alles in ein melancholisches Licht tauchten.

Als wir um die Ecke der Vereinshütte bogen, staunten wir nicht schlecht, was dort los war! Auf mehreren Bierbänken saßen etwa dreißig Leute, aßen – wie passend – Bienenstich und tranken Kaffee. Schnell überblickte ich die Runde. Hier war es nicht anders als im Imkerverein Charlottenburg: Durchschnittsalter siebzig Jahre.

Bernd stellte mich dem verantwortlichen Imker vor. Herr Ziekursch erklärte mir, dass in den kleinen Häuschen die jungen Königinnen mit ihren Begleitbienen leben. Von dort fliegen sie zur Begattung aus. Im Umkreis von 7,5 Kilometern darf nur mit der Kärntner Biene geimkert werden, es ist der Schutzkreis der Belegstelle. Wenn ich noch Jungköniginnen brauche, solle ich mich an ihn wenden, er biete welche zum Verkauf an. Die Belegstelle sei bis Ende Juli geöffnet.

Nach einem kurzen Rundgang setzte ich mich zu den anderen an die Kaffeetafel, um noch mehr Bienenbegeisterte kennenzulernen. Ich genoss es, mich so viel wie möglich mit unterschiedlichen Leuten auszutauschen, und ich finde auch, dass die Imkerei eine gute Sache ist, damit sich Jung und Alt begegnen. Die Älteren freuen sich meist, wenn sie uns Jüngeren etwas weitergeben können, und gleichzeitig bringen wir frischen Wind in die Vereine.

An diesem Nachmittag hatte es uns besonders das Thema Trachtweiden angetan. Nicht jeder Imker findet in seiner Umgebung gute Bedingungen vor, beziehungsweise nicht jedes Bienenvolk hat ein gutes Nahrungsangebot in der Nähe. Die meisten Menschen finden es schön, wenn eine Stadt viel Grün hat, wenn überall Bäume stehen – Imker finden das nicht nur schön, sondern auch dringend notwenig.

Gemeinsame Bäume

Der Bestand an Pflanzen und Bäumen auf Grünflächen sowie alle Straßenbäume gehören offiziell der Stadt, die Imker dürfen sie aber im Sinne eines Gemeingutes nutzen. Nach dem Gesetz gilt die Imkerei als Landwirtschaft ohne eigenen Grund und Boden. In Berlin gibt es ja fast eine halbe Million Bäume, das sind genauso viele wie in Paris, weswegen die deutsche Hauptstadt seit jeher als »grünste« Stadt Europas gilt.

Bernd erzählte immer die Geschichte von Karl Förster aus Potsdam, ein Gärtner, der sich in der ersten Hälfte des vergangenen Jahrhunderts einen Namen mit der Zucht der blauen Ritterspornarten machte und den bis heute berühmten Senkgarten an seinem Haus entworfen hatte. Er war damals auch Bienenzüchter gewesen. Seinem Rat wurde für die Baumauswahl in Berlins Innenstadt gefolgt – weswegen sich die Imkerei in Berlin auch so gut entfalten konnte. Er wählte die guten Trachtbäume aus, die in ihrer Blütezeit alle nahtlos aufeinander folgen: Kastanie, Ahorn, Robinie und Linde.

Die Pflanzenauswahl entscheidet darüber, wie gut sich die Bienenvölker entwickeln und wie viel Honig die einzelnen Imker ernten. Deshalb liegen die Erntemengen der Stadtimker auch deutlich über denen der Landimker, bis zu 45 Kilogramm pro Volk und Jahr sind es allein in Berlin. Auf dem Land werden im Schnitt nur 20 Kilogramm Honig pro Volk geerntet. Das hört sich erst einmal ungewöhnlich an, aber die Bienen finden in der Stadt kontinuierlich Nahrung – vom Krokus im Frühling bis zur Goldrute im November. Auf dem Land dagegen stehen viele Bienenstände direkt neben großen Feldern, wo dann eine einzige Pflanze angebaut wird. Vorher und nachher gibt es nichts.

An der Belegstelle in Reinickendorf hatte ich mit Leuten gesprochen, die ihren Bienenstand im Grunewald am Teufelssee haben, im größten Waldgebiet Berlins. Wenn dort ein Neuimker dazukam und zehn Bienenvölker aufstellte, sank sofort der Honigertrag der anderen. Die dort ansässigen Imker berichteten mir, dass die Bienen im Grunde nur noch auf die Robinie als Nahrungsquelle zurückgreifen konnten. Ansonsten wachsen dort nur ein paar Traubenkirschen, der Rest sind Kiefern und Eichen, die keine Futterquelle darstellen. Sogar die Hummeln leiden an der Nektarnot.

Ein anderer Imker, der unser Gespräch mit angehört hatte, meinte dagegen stolz: »Ich wohne Akazienallee, Ecke Lindenallee. Bei mir blüht es von Mitte Mai bis Mitte Juli durchgehend. Meine Bienen müssen nicht weiter als einen Kilometer fliegen. Ich habe nur vier Bienenvölker und weiß gar nicht, wohin mit dem Honig. Alles, was ich nicht vermarkten kann, lasse ich im Stock. Dann muss ich weniger Sirup kaufen, um einzufüttern.«

In Berlin gibt es zwar mittlerweile immer wieder Alleen, bei denen alte Bäume durch Neupflanzungen ersetzt wurden. Trotzdem ist der Stadtplanung heutzutage viel zu wenig bewusst, dass man bei der Bepflanzung auch auf die Bienen Rücksicht nehmen muss.

Die aktuelle Stadt- und Grünflächenplanung orientiert sich vor allem an der Frage, welche Bäume in Zukunft stadttauglich sein werden. Man achtet darauf, welche Auswirkungen die kommende Klimaerwärmung für die heimischen Bäume haben wird und welche Bäume den Klimawandel am besten verkraften werden – mit längeren Hitzeperioden und extremeren Trocken- und Regenzeiten.

Die Bayerische Landesanstalt für Landwirtschaft in München listet vier empfehlenswerte Bäume auf:

1. *Ginkgo biloba,* das lebende Fossil. Auf ihn wurde man aufmerksam, weil er der erste Baum nach dem Abwurf der Atombombe war, der in Hiroshima grüne Blätter austrieb. Leider trägt er weder Pollen noch Nektar, weil er eine eigene Art der Vermehrung entwickelte und nicht auf Insektenbestäubung angewiesen ist.

2. *Sophora japonica,* der japanische Schnurbaum. Eine Großbaumart aus China und Korea, die im August zahlreiche cremefarbene Schmetterlingsblüten trägt, die einen guten Nektarwert haben. Dieser Baum ist eine Bereicherung aus Imkersicht, vor allem, weil die heimischen Arten zu der Zeit bereits abgeblüht sind und Früchte ausbilden.

3. *Tilia tomentosa*, die Silberlinde. Sie kommt ursprünglich aus Südosteuropa und trägt im Juli und August gelbliche kleine Blüten. Sie ist auch eine gute Trachtweide für Bienen.
4. Die Robinie, *Robinia pseudoacacia*. Sie stammt aus Nordamerika und ist in Berlin weit verbreitet. Und eine gute Nahrungsquelle für unsere Bienen, mit ihren Dolden von Schmetterlingsblüten im Mai und Juni.

Wenn man diese Untersuchungen geltend machen könnte, wären auch die Grundlagen für die Stadtimkerei gegeben. In der Praxis schaut es manchmal jedoch leider anders aus.

2010 organisierte die Heinrich-Böll-Stiftung für die Mitarbeiter von Grünflächenämtern eine Führung bei mir am Bienenstand. Diese Mitarbeiter treffen unter anderem die Entscheidung, welche Bäume in der Stadt neu gepflanzt werden. Ich erklärte ihnen, welche Bäume gute Trachtweiden für Bienen sind und welche den Insekten kaum Nutzen bringen. Und auch, wie wichtig es ist, dass es fortlaufend blüht, also ein Trachtenband entsteht, in dem es für die Bienen zwischen Februar und Oktober genügend Nektar und Pollen gibt.
Zwei der Mitarbeiterinnen schrieben eifrig mit und gestanden mir hinterher: »Das haben wir alles gar nicht gewusst.« Sie wussten, dass Birken Schmutz verursachen und Autos von den Blattläusen der Linden ganz klebrig werden. Bislang hatten sie Bäume danach ausgewählt, dass sie keine harten Früchte ausbilden, wenig Laub abwerfen, kaum Totholz tragen, mit der Luftverschmutzung klarkommen, Gasschäden an Leitungen dulden, die den Wurzelraum angreifen, nicht zu hoch wachsen … Und so weiter und so fort. An Insektennahrung dachte keiner bei der Baumauswahl.

2011 wurde mit großem Pomp ein neuer Park am Gleisdreieck eröffnet, genau dort, wo vorher die Brachflächen mit der
wunderbaren Artenvielfalt Insekten angezogen hatten.

Ich war zur Eröffnung da und dachte, mich trifft der Schlag:
Die Natur war bis auf wenige Quadratmeter zurückgedrängt
worden, das Bild wurde von riesigen, langweiligen Rasenflächen beherrscht. Nicht eine einzige Wildblumenwiese war in
Sichtweite! Eine ganze Reihe von Bäumen war extra angepflanzt worden: Kiefern, Eichen und Pappeln – ebenfalls keine Nahrung für die Bienen.

Glücklicherweise hatte man die verwilderten Robinien, die
am Bahndamm entlang standen, nicht abgeholzt. Dort gibt es
auch einen interkulturellen Garten und einen Bienenwagen,
wo man sich über biologische Zusammenhänge kundig machen kann.

Für mich ist eine solche Parkplanung einseitig. Wer will das
heute noch haben?

In der Natur ist es doch immer so: Wenn man die Lebensgrundlagen verbessert, die Boden-, Nährstoff- und Nah-
rungsverhältnisse für alle dort lebenden Tiere optimiert, dann
wird man von der Natur reich beschenkt. Und nicht nur mit
dem Produkt Honig. Bienen ziehen immer auch Singvögel an,
weil sie ihnen als Nahrungsquelle dienen – je mehr Tiere,
umso lebendiger der Park. Außerdem kann man sich die Frage stellen, was fürs Auge schöner ist: endlose Rasenflächen
oder ein vielseitig bepflanztes Areal, in dem es auch einmal
blüht. Ich bin der Meinung: Was für die Tiere gut ist, ist für
den Menschen auch gut.

Auch das hatte ich an dem heiteren Nachmittag am Tegeler
See gelernt: Imker gehen stets mit offenen Augen durch die
Stadt, sich machen sich über ihre Umwelt Gedanken und be-

treiben durch ihr Hobby aktiv Naturschutz. Im Laufe der Zeit habe ich viele Kollegen getroffen, die mit Vereinen und Institutionen zusammenarbeiten, beratend tätig sind, sich für Baumspenden einsetzen. Viele sind bei Veranstaltungen aktiv und erklären die Lebensweise der Honigbienen und ihre große Bedeutung. Und nicht zuletzt produzieren sie ein lokales Nahrungsmittel, das sie in ihrem Bekanntenkreis vertreiben, und ermöglichen höhere Obst- und Gemüseernten in den Gärten.

Die Imkerei ist ein weites Feld, da kann man sich in vielerlei Hinsicht engagieren. In einem alten Imkerbuch habe ich einmal gelesen: »Die Begeisterung für die Bienen macht den eigentlichen Erholungswert der Bienenhaltung aus und bildet gleichzeitig die beste Grundlage, um den vielseitigen Nutzen voll wirksam werden zu lassen.«

Honig ist mehr als die Summe seiner Bestandteile

Mittlerweile war es Sommer geworden. Die Robinie hatte abgeblüht, dafür leuchteten die Linden jetzt blassgelb vor lauter Blüten. In Berlin wachsen verschiedene Lindenarten, die nicht alle gleich gute Nektarquellen darstellen. Sie blühen über einen Zeitraum von vier bis fünf Wochen. Schon bald würden wir den aromatischen Lindenhonig ernten können.

In Berlin ist die Lindenblüte so einnehmend, dass sogar Imker von auswärts in die Stadt kommen. Sie stellen ihre Völker drei Wochen lang hier auf und ziehen dann mit prall gefüllten Waben wieder ab. Es passiert sozusagen genau andersherum als früher: Weil in der Landschaft außerhalb kaum noch Nektarquellen zu finden sind, zieht es die Imker in die Stadt.

Dort, wo früher Blumen blühten, findet man heute Monokulturen aus Mais, Getreide und Zuckerrüben. Die Wälder bestehen vor allem aus Kiefern und Fichten oder auch Eichen und Buchen. Wo sind die Mischwälder mit Linden?

Da man das Problem in den vergangenen Jahren erkannt hat, gibt es bereits einige Ansätze, wieder mehr Blumen in die Landschaft zu bringen. Das Netzwerk *Blühende Landschaften* beispielsweise bemüht sich um regionale Saatgutmischungen. Diese können auch von Landwirten auf den Feldern ausgebracht werden. Der Deutsche Imkerbund setzt sich für »wild« statt »mono« ein und fordert reichhaltige Blumenwiesen, die die Maiswüsten für die Biogaserzeugung ergänzen sollen. Es geht um arten- und ertragsreiche Ansaaten von Wildblumen und Kulturpflanzen für die Landwirtschaft und deren Zweig der Energiegewinnung. Erste Untersuchungen zeigen überraschende Ergebnisse.

Während einer Saison produziert ein Bienenvolk bis zu 300 Kilogramm Honig. Etwa 250 Kilogramm verbrauchen die Bienen selbst, den Rest kann man ernten.

Die Honigblase fasst 0,05 g Nektar. Für ein Glas mit 500 Gramm Honig müssen die Bienen 100 000 Flüge absolvieren. Die Hälfte der Flüge davon sind zu ihrer eigenen Energieversorgung nötig. Die gesamte Flugstrecke beläuft sich also, wenn sich die Quelle nur 750 Meter vom Stock entfernt befindet, auf 75 000 Flugkilometer. Fast zweimal um die Erde!

Das bedeutet, eine Portion Honig von 25 Gramm trägt mehr als 3000 Flugkilometer in sich.

Honig ist nicht nur Energielieferant für die Bienen, auch für uns Menschen ist er sehr gesund. Er wurde nachweislich schon im alten Ägypten als Medizin angewandt, und heute weiß man, dass es gesünder ist, seine Speisen mit Honig anstatt mit weißem, raffiniertem Zucker zu süßen.

In den vergangenen fünfzig Jahren stieg der Zuckerkonsum rapide an. In fast allen Lebensmitteln finden wir heute Zucker. Verwendet wird fast ausschließlich der industriell hergestellte Einfachzucker, der unserem Körper mehr schadet, als dass er ihm guttut. Wir verbrauchen oft nicht die ganze Energie, die wir uns über die zuckerhaltige Nahrung zuführen, was zu Krankheiten wie Diabetes oder ganz einfach zu Übergewicht führt.

Der weiße Industriezucker aus Zuckerrohr und Zuckerrüben veranstaltet in unserem Körper ein Chaos, denn er ist ein Einfachzucker, der sofort ins Blut übergeht. Honig besteht aus Mehrfachzuckern – Frucht- und Traubenzucker –, die vom Körper erst einmal aufgespalten werden, so dass langsam Energie frei wird.

Beim weißen Zucker dagegen schnellt der Blutzuckerspiegel sofort nach oben, der Magen produziert mehr Säure. Der hohe Blutzuckerspiegel erzeugt ein Hochgefühl im Gehirn, während der Rest des Körpers versucht, das Gleichgewicht herzustellen. Dann trifft die Zuckerwelle auf die Leber und die Bauchspeicheldrüse. Was dort nicht verarbeitet werden kann, setzt sich als Fett im Körper ab. Wenn die Leber einen Teil davon an das Blut abgibt, schüttet die Bauchspeicheldrüse Insulin aus, um den Blutzuckerspiegel zu regulieren. Sinkt er dann ebenso rapide wieder ab, ist es vorbei mit dem Hochgefühl, und man greift erneut zu Süßem.

Honig, der unbehandelt ist und in seiner Qualität den Richtlinien des Deutschen Imkerbundes entspricht, enthält mehr als nur Kohlenhydrate. Honig enthält Vitamine, kleine Helfer mit großer Wirkung: vor allem Kalium und Magnesium. Sie sind für den Stoffwechsel unerlässlich und steuern Muskel- und Nervenfunktionen.

Auch Enzyme sind in Honig vorhanden, allerdings sollte man seine Gläser dunkel und kühl lagern, da direkte Sonneneinstrahlung die Enzyme zerstören. In vielen anderen Ländern wird Honig in Papp- oder Blechbechern angeboten. Das mag uns etwas merkwürdig anmuten, ist aber für den Honig ein Schutz.

Hinzu kommen noch Aminosäuren – gut für den Stoffwechsel –; Pollen – sie wirken verdauungsfördernd – und Aromastoffe, die das Immunsystem stimulieren.

Honig ist ein Lebensmittel, das den Organismus von innen heraus stärkt; wendet man ihn äußerlich an, kann er durch seine desinfizierende Wirkung Wunden heilen und die Haut schön machen.

Das Besondere am Honig ist, dass er aus Tausenden von Einzelteilen entstanden ist. Auf den vielen Ausflügen haben die Bienen Nektartropfen und Blütenstaub eingetragen und dabei gleichzeitig die Pflanzen in ihrer Umgebung bestäubt. Über diesen Mehrwert entsteht eine Verbindung der einzelnen Teile zueinander, die im Honig vollendet zur Geltung kommt.

Als Mensch kann man diesen natürlichen Kosmos nur erahnen. Wir können nur die Pflanzen sehen, die in der näheren Umgebung wachsen, wir können den Mehrwert nicht erfassen. Mit dem Genuss des Honigs können wir diesen Mehrwert spüren. Honig ist für mich wie flüssiges Gold. Ich freue mich, wenn Menschen den Honig ihrer Umgebung essen und schätzen. Honig bereichert nicht nur unsere Umwelt, er bereichert auch unseren Körper.

Der Reiz am Imkern und an der Honigernte besteht für mich unter anderem in genau dieser lokalen Verbundenheit. Alles, was wir brauchen und was uns guttut, finden wir in unserer direkten Umgebung. Wenn wir uns für sie einsetzen und uns in unserem direkten Lebensumfeld engagieren, wird die Natur uns das danken.

Ein Bienenvolk kann rein rechnerisch eine Blütenfläche von 400 Quadratkilometern abdecken. Wenn wir verstehen, was alles dabei verbunden wird, verstehen wir auch die Bindung, die dem Honig zu eigen ist. Honig ist verbindlich. Kein Wunder, dass viele Menschen mit Honig ein Gefühl von Heimat assoziieren.

Ernteglück

Die Honigernte ist für mich der Höhepunkt der Imkerei. Wenn man Natürliches gut pflegt, wird man von der Natur reich beschenkt. Ich liebe ernten, und manchmal bedaure ich es sehr, dass ich hier in Berlin keinen Gemüsegarten habe. Es wäre schön, Samen zu säen, die Pflanzen für ein paar Monate zu betreuen und dann das Gemüse ernten zu dürfen – so, wie ich es von zu Hause gewohnt bin.

Zwar kenne ich über die Imkerei viele Schrebergartenkolonien, aber es gibt keine, in der ich mich so wohl fühlen würde, dass ich da gerne gärtnern würde. Ich will nicht zwischen Zäunen in einer kleinen Parzelle sitzen, mit Nachbarn, die aufpassen, dass die Hecke auch genau 1,75 Meter hoch ist. Ich möchte frei sein in meinem Garten und nicht unter Beobachtung stehen, um dort nur unter Einhaltung bestimmter Regeln das Land zu bestellen. Vor allem müsste der Garten direkt vor unserer Tür liegen, so dass man keine weiten Wege hat.

Nun konnte ich aber noch etwas viel Schöneres ernten als

Tomaten und Gurken: Honig. Nachdem mir Bernd im letzten Jahr alles so gut gezeigt hatte, wollte ich mich nun selbst daran wagen. Es war ein bisschen stressig, weil ich mitten in der Hochsaison eine Honigschleuder organisieren und das ganze Ernte-Equipment bestellen musste. Aber in solchen Situationen erwachen meine Lebensgeister und flüstern mir zu, dass ich es schaffe. Ganz oder gar nicht und immer im Einsatz für meine Bienen.

Jetzt konnte ich außerdem so ernten, wie ich es für richtig hielt. Ich ernte öfter als Bernd, weil ich die vielen unterschiedlichen Honigarten schmecken möchte.

Wie immer fuhr ich vormittags zu den Bienen. Ich zog Imkerhut und -jacke an und pustete mit dem Smoker etwas Rauch in den Stock. Vorsichtig hob ich den Deckel an. Gespannt, ob der Honig schon reif wäre, untersuchte ich die Waben. Es war so weit, die meisten Zellen waren bereits von einer Wachsschicht überzogen!

Bevor die Arbeiterinnen von ihren Sammelflügen zurückkehrten, entnahm ich meinen Völkern insgesamt zwanzig golden schimmernde Waben. Sie waren randvoll mit Honig. Die Waben hängte ich in eine leere Zarge und schleppte sie fünf Stockwerke nach unten in die Küche des Aqua Carrè. Hier konnte ich sie stehen lassen und hoffte, dass sie nicht zu sehr auskühlten. Der Honig, der direkt aus der Beute kam, war warm, und wenn er warm war, floss er beim Schleudern am besten heraus.

Da ich erst anfangen konnte, nachdem die Kantine geschlossen hatte, musste ich noch warten.

Als es so weit war, erwartete mich in der Küche schon der Koch mit seiner kleinen Tochter. »Emilia hat sich so gefreut, als ich ihr erzählt habe, dass du heute hier schleuderst. Darf sie vielleicht einmal am Honig schlecken?«, bat er mich.

»Natürlich! Ich muss nur erst die Schleuder aufbauen, und dann fange ich an, die Waben zu entdeckeln«, entgegnete ich. Die Waben legte ich auf die Arbeitsfläche vor das Waschbecken, wo sie nicht verunreinigt werden konnten. Dann reichte ich dem kleinen Mädchen ein wenig von dem entdeckelten Wachs, an dem der Honig klebte. Sie lutschte begeistert und kaute das Wachs wie Kaugummi. »Hm, wie lecker!«, strahlte sie über das ganze Gesicht.

Weil sie so begeistert war, ließ ich Emilia auch beim Schleudern zuschauen. Ich bin selber immer ganz ergriffen in dem Moment und lausche andächtig dem Honigfließen. Der Honig hat eine ganz eigene Fließgeschwindigkeit, die seit Jahrtausenden immer gleich geblieben ist und die er bis in alle Ewigkeit behalten wird. Das Fließen ist eher ein Falten, es erzeugt einen tiefen Ton, und man muss genau hinhören, sonst bleibt es einem verborgen. Das Gegenteil davon ist ein heiterer Bach, der glucksend und beschwingt durch die Landschaft rauscht.

Bevor ich den Eimer verschloss, schleckte Emilia noch ein bisschen reinen Honig vom Sieb. Fertig. Die Eimer waren noch ganz warm, als ich sie in meinem Kofferraum verstaute und nach Hause fuhr.

Vier Tage später öffnete ich sie wieder, denn in der Zwischenzeit hatte sich der Honig gesetzt, so dass ich die oberste Schicht mit den Luftblasen und den übrigen Wachsteilchen vorsichtig abnehmen konnte. Bevor ich den Honig abfüllte, wollte ich ihn noch cremig rühren. Perfekt gerührten Honig bekommt man am leichtesten mit einer Rührmaschine. Leider kostet die 2000 Euro, weswegen ich mir wie viele andere mit einem Trick behalf. Ich holte unsere Bohrmaschine und hängte daran das Rührgerät, das ich von Bernd auslieh. So rührte ich mehrere Tage hintereinander jeweils zwei bis drei Minuten. Mit dem Rühren hindert man den Honig daran, zu kristallisieren. Er bleibt dann immer cremig und verändert seinen Zustand nicht mehr.

Das Beste am Ernten ist, dass ich selber so viel probieren kann, wie ich möchte. Immer wieder ein Erlebnis, denn der Honig schmeckt einfach göttlich. Wenn ich da so stehe und schlecke, denke ich manchmal, ich sollte zehn Euro pro Glas verlangen, so kostbar ist der Honig für mich. Wenn Stéphane und ich in einem großen Haus auf dem Land wohnen würden, würde ich den Honig lagern und gar nicht mehr verkaufen.

Zwischen Bar, Blumen und Bienen

Zwei Wochen nach der ersten Ernte, die ich alleine machte, schleuderte ich zum ersten Mal in meiner Küche zu Hause. So musste ich nicht mehr bis 17 Uhr warten, bis die Kantine vom Aqua Carrè schloss. Und vor allem musste ich sie hinterher nicht wieder putzen, was ungefähr so lange dauerte wie das Schleudern.

Unsere Küche wurde in zwei Handgriffen zu einem Schleuderraum, der auch den hygienischen Anforderungen entsprach. Wir hatten keine Küchengeräte herumstehen, es gab kein offenes Regal, das ich abdecken musste. Außerdem war alles gefliest.

Auch in der Art und Weise, wie ich lebte, erkannte ich immer mehr eine Parallele zum Leben der Bienen. Ich wollte so leben, dass es mir reichte. So wie sich die Bienen immer nach dem Prinzip der Effizienz richten, wenn sie beispielsweise Wachs schwitzen oder Nektar eintragen, so fing ich an, mir die Frage zu stellen: »Reicht es mir?« Wenn ich diese Frage mit »ja« beantwortete, dann wollte ich nicht noch mehr. Die Bienen tragen ja auch nur so viel ein, dass es ihnen reicht. Je weniger man hat, desto weniger Überflüssiges sammelt man an, das irgendwann wieder recycelt werden muss. Unnötige Energie, die erst gebraucht wird, um es zu produzieren, und dann gebraucht wird, um es zu entsorgen. Diese Energieverschwendung können wir uns auf Dauer nicht leisten.

Ich lebe mit Stéphane auf 62 Quadratmetern, und das ist genug Platz für uns. Unsere Räume sind so funktional, dass sie sich schnell umwandeln lassen: die Küche zur Schleuderkammer, das Schlafzimmer in mein Büro oder in ein Kino. Einen Fernseher brauchen wir nicht. Ein großes Zimmer, das Büro ist, Werkstatt, Esszimmer. Weil wir wenig Stauraum haben, versuchen wir, kaum Eigentum anzuhäufen. Nur für den Honig würde ich mir einen guten Lagerraum wünschen. Heute steht er in der Wohnung. Der Honig wird jedoch am besten bei etwa 15 Grad in einem lufttrockenen Raum ohne Eigengerüche gelagert. Er zieht Feuchtigkeit, wenn er nicht verschlossen ist, außerdem Gerüche, die seinen Geschmack verändern.

Das Prinzip der Genügsamkeit kann ich auf alle Lebensbereiche übertragen. In jedem Bereich gibt es etwas, worauf ich verzichten kann. Ich teile mir die Woche auf zwischen Bar, Blumen und Bienen. Einen Teil meiner Zeit verbringe ich in meiner Bar. Ich verzichte auf einen höheren Gewinn, weil wir die Arbeit aufteilen. Dann können wir alle etwas verdienen. Wir haben die anfallenden Aufgaben gleichmäßig auf uns vier Leute aufgeteilt. Jeder ist für etwas anderes zuständig, jeder springt ein, wenn jemand verhindert ist. Pflicht ist allerdings, dass jeder einen Abend in der Woche gestaltet. Na ja, eigentlich ist es nicht wirklich eine Pflicht, sondern Teil unserer Zusammenarbeit. Diesen einen Abend pro Woche im Mysliwska genieße ich, weil ich meist viele Menschen treffe, die ich schon lange kenne. Mein soziales Highlight im Alltag.

Dann verbringe ich auch immer Zeit im Garten. Ich verzichte darauf, alle Maschinen zu kaufen, die ich brauche. Ich leihe sie mir entweder aus oder ich beauftrage andere Betriebe, die über einen größeren Maschinenpark verfügen. Ich möchte kein Werkzeug haben, das ich nicht wirklich die ganze Zeit brauche. Das Schöne bei der Gartenpflege ist, dass ich das ganze Jahr über die Veränderung in der Natur beobachten kann. Die meisten Kunden kenne ich schon seit Jahren, und sie vertrauen mir. Oft komme ich, wenn sie nicht zu Hause sind. Ich kann dann alleine die Arbeiten verrichten, die ich für notwendig halte. Stauden pflegen, düngen, hacken, Unkraut jäten, umpflanzen, Stauden stäben und teilen, Sträucher schneiden und umpflanzen. Die Arbeit an Bäumen überlasse ich Baumpflegern, die Rasenpflege den Hausmeistern. Hecken schneiden ist im Sommer sehr anstrengend, aber ich mache das nur einmal pro Garten.

Ich kann in den Gärten den Vögeln zuhören, die Wildbienen beobachten, fotografieren und für mich sein. Nach einem Tag draußen habe ich mich genug bewegt und gehe oft früh schlafen. Ich gehe nur dann gärtnern, wenn das Wetter passt. Ich muss nicht bei Regen gärtnern, das kann ich mir so aussuchen. Ich kann dann arbeiten, wann ich es für richtig einschätze.

In der anderen Zeit beschäftige ich mich mit meinen Bienen. Ich bin nicht immer vor Ort, sondern lese viel, tausche mich mit Imkern aus, gebe Auskunft, beantworte Fragen, vermittle Helfer und Ausrüstung, wenn andere etwas brauchen.

In den Wintermonaten wird alles ruhiger. Erst kommt das Weihnachtsgeschäft mit dem Honig und ab Anfang des Jahres

finden wir oft Zeit, um das Projekt in Detroit weiter voranzu-
treiben.

Wenn die Arbeit zu einem Zwang wird und man nur fürs
Geld arbeitet, sollte man lieber etwas anderes machen, finde
ich, es sei denn, Geld ist für einen das Wichtigste im Leben.

Weil ich nicht angestellt, sondern freiberuflich tätig bin, habe
ich die Freiheit, jeden Tag so zu gestalten, wie es mir am besten passt. Die Kehrseite ist, dass ich keine Sicherheit habe und
niemanden, der mich weiterbezahlt, wenn ich nicht arbeite.
Wenn ich krank bin, kommt auch kein Geld rein. Glücklicherweise bin ich ein recht gesunder Mensch.

Was ich mir in den letzten Jahren auch angewöhnt habe, ist,
antizyklisch zu leben, wenn es für mich gut passt. Meine Wä-
sche wasche ich nachts; vormittags, wenn am wenigsten los
ist, gehe ich einkaufen; zur Arbeit fahre ich erst, wenn der
morgendliche Stau vorbei ist. Kleine Veränderungen im Ablauf entzerren oft vieles. Ich wünsche mir mehr Flexibilität im
Alltag, dann ist alles fließender. Aber vielleicht bin ich damit
auch ein bisschen ungewöhnlich. Oft beobachte ich, dass die
Menschen mehr Halt und mehr Struktur im Leben brauchen.

Im Sommer ist alles andere als Urlaub angesagt

Der Juli war nun fast vorbei. Eines Freitagmorgens stieg ich aufs Dach, um die letzten wichtigen Wintervorbereitungen für meine Bienen zu treffen. Am darauffolgenden Tag wollte ich zu einer kleinen Reise aufbrechen, ein paar Tage lang mit meiner Schwester wandern. Wir machen das jedes Jahr, nur wir beide in den Bergen, wo wir Zeit füreinander haben und über alles sprechen können, was uns bewegt. Diese Zeit ist sehr kostbar für mich.

Bevor ich losfuhr, musste ich noch die Bienen einfüttern. Das Nahrungsangebot nimmt – auch in der Stadt – nach der Lindenblüte ab. Es blühen dann zwar noch der Schnurbaum, Rosen, Borretsch, Fenchel, Malven, Ringelblumen, Salbei und Ehrenpreis, aber der größte Nektarfluss ist vorüber. Die Bienenvölker ordnen sich neu.

Jetzt müssen die Bienen ihren Stock auch vor anderen Tieren verteidigen, die auch gerne die Honigvorräte plündern. Bei der Einfütterung muss man deswegen aufpassen, um nichts von dem süßen Sirup zu verspritzen, der erst recht Räuber anlocken würde. Jeder Spritzer löst Räuberei aus, und das will man auf jeden Fall vermeiden.

Auch Einfüttern will gelernt sein

Im Laufe der Jahre habe ich in der Imkerei schon einiges gesehen und auch immer wieder neue Dinge ausprobiert. Es gibt zwar eine ganze Menge an Imkereiausstattung, aber irgendwie scheint kein Equipment perfekt zu passen. Bei allen Teilen gibt es auch viele Nachteile. Auch beim Einfüttern gibt es viele verschiedene Systeme. Das Futtergeschirr, das wir verwendet haben, mochte ich nicht, so wollte ich diesmal Futtereimer ausprobieren. Die Futtereimer fassen fünf Liter, sind oben verschlossen und haben in der Mitte ein Sieb. Aus diesem Sieb tropft langsam der Zuckersirup, wenn man den Futtereimer kopfüber aufstellt. So können die Bienen das Gemisch aus Zucker, Fruchtzucker und Wasser gleich aufsaugen. So war jedenfalls die Idee.

Exakt nach Anleitung stellte ich den ersten Eimer kopfüber auf eines der Völker, dann ging ich zum nächsten. Als ich dort eben den zweiten Eimer aufstellen wollte, fiel mein Blick auf die Futtersiruplache, die unter dem ersten Volk langsam größer wurde. Na toll, der Sirup lief ungehindert unten raus. »Das kann doch nicht wahr sein!«, entfuhr es mir.

Schnell schloss ich das zu bearbeitende Bienenvolk, holte einen Eimer Wasser, um den Sirup wegzuwaschen. Das ist das Schlimmste, was passieren konnte! Wenn ich jetzt nicht schnell genug war, würde es meinen Bienen schlecht ergehen. Wird ein Volk ausgeraubt, fliegen viele Bienen nicht zielsicher wie heimkehrende Trachtbienen, sondern ruckartig und suchend vor dem Flugloch hin und her, um zuletzt doch zügig darin zu verschwinden. Abfliegende Bienen starten meist nicht direkt vom Flugloch, sondern klettern erst einige Zentimeter heraus oder außen an der Beute hoch. Sie wollen ihre Spuren verwischen und nicht als Feind entdeckt werden.

Im Flugloch und vor der Beute findet man zu Beginn der Räuberei meist kämpfende Bienen, die regelrecht ineinander verknäult sind. Räubernde Bienen verlieren durch solche Kämpfe mit der Fluglochwache schnell ihre Haarborsten, wodurch ihr Körper schwarz und glänzend erscheint.

Wenn die Varroose das Volk geschwächt hat, verliert es den Kampf gegen die räuberischen Eindringlinge.

Zum Glück wurde bislang noch keines meiner Völker ausgeraubt. Falls ich eine Räuberei sehen oder vermuten würde, müsste ich zügig handeln: Das Flugloch muss mit Schaumstoff bis auf doppelte Bienengröße verengt werden. Es hilft auch, Äste mit Laub vor das Flugloch zu legen, um so die räubernden Bienen zu verunsichern. Das Volk wird dann nur noch von unten durch den offenen Gitterboden belüftet.

Ist die Räuberei schon fortgeschritten, stellt man am besten das beraubte Volk weg – sonst könnten sie sich schnell ein anderes Volk am selben Stand suchen, das sie ebenfalls bestehlen. Wenn man das beraubte Volk verstellt, sollte dort als Ersatz eine leere Beute plaziert werden, um den Räubern vorzutäuschen, dass die Honigquelle leergeräumt ist.

Durch das rasche Wegwaschen des Sirups hatte ich die Gefahr erst einmal gebannt. Jetzt überlegte ich verzweifelt, was ich mit den Futtereimern anfangen sollte, wenn ihr Einsatz so wie im Imkereifachhandel beschrieben, nicht funktionierte. Plötzlich kam mir die Idee: Ich brauchte Korken! Die schwimmen im Zuckerwasser, die Bienen könnten auf ihnen wie auf Schiffchen durch den Sirup fahren und ihr Futter aufnehmen. Ohne Floß würden die Bienen im Zuckerwasser hoffnungslos ertrinken. In Windeseile rannte ich die Treppen hinunter, sprang ins Auto und fuhr zu unserem Weinhändler. Noch in der Tür rief ich: »Ich brauche eine Kiste Korken!«

Der Weinhändler stellte zum Glück keine großen Fragen. Er hatte mir bestimmt angesehen, dass ich keine Zeit hatte, sie zu beantworten.

»Frische oder schon benutzte?«, fragte er nur knapp.

»Ach, ist egal«, sagte ich, »die, die du gerade zur Hand hast.« Es waren benutzte.

Mit der Kiste voller Weinkorken raste ich zurück aufs Dach. In jeden Futtereimer ließ ich ein paar Korken plumpsen. Ob die Bienen jetzt beschwipst waren? Nein, sie wirkten ganz munter, saßen auf ihren Schiffchen und schlürften gierig den Sirup.

Als ich nach einer Woche wiederkam, war der gesamte Sirup aufgebraucht. Ich überlegte, ob ich die Bienen noch einmal füttern sollte. Vielleicht brauchten sie noch etwas mehr, wenn sie jetzt schon alles aufgenommen hatten? Andererseits lagerten die Bienen das Futter ja in den Waben, die die Königin auch zum Eierlegen nutzte. Wenn ich zu viel einfütterte, dann war nicht genug Platz für die Winterbienenbrut.

Prüfend hob ich eine Beute nach der anderen an. Wenn sie ungefähr zwanzig Kilogramm wiegt, haben die Bienen genug Futter in den Waben gespeichert. Mir erschienen die Beuten zu leicht, deshalb kaufte ich noch einmal ein paar Liter Futtersirup nach.

Soziale Kontrolle

Die Räuberei durch andere Tiere ist nicht zu unterschätzen. 2011 gab es Völkerverluste durch die große Anzahl an Wespen, die ungehindert eindringen konnten. Sind die Bienenvölker geschwächt, dann haben auch die Wespen leichtes Spiel.

Ausgeräuberte Beuten sind dann leer. Vollkommen leer. Ein bekannter Imker hat mir seine Beute gezeigt. Es war nichts mehr drin, kein Honig, kein Pollen, keine Brut und keine Bienen. Vor dem Flugloch lagen die toten Bienen, die die Kämpfe verloren haben. Ein schauriger Anblick.

Das Wichtige in dieser Zeit ist, dass alle Imker im selben Flugkreis dasselbe tun, besonders im Hinblick auf Varroa-Befall. Im Idealfall sind dann alle Bienenvölker gleich stark. Das Schwierige ist, dass jeder einzelne Imker eigene Handlungsweisen verfolgt und jeder aufgrund einer subjektiven Beobachtung und Beurteilung seiner Völker zu anderen Methoden greift.

Früher war es so – das hat mir mal jemand erzählt –, dass die Mitglieder vom Imkerverein wöchentlich alle Bienenstände besucht haben und man seine Bienenhaltung den anderen vorzeigen musste. Soziale Kontrolle! Diese Prozedur würde heute keiner mehr freiwillig mitmachen. Ich kann aber den Grundgedanken durchaus nachvollziehen.

Die Bienen verfliegen sich nun mal, vor allem die Drohnen. Heute, wo die Milbenbelastung vielerorts hoch ist, sollte man sich an diese Kontrolle erinnern. Wenn zwei Imker im selben Flugkreis behandeln und der dritte behandelt nicht, dann sind nach ein paar Wochen alle drei Bienenstände wieder vermilbt. Die Drohnen und auch die Arbeiterinnen tragen die Milben, die auf ihren Körpern sitzen immer weiter.

Im Imkerverein wird in den Sommermonaten vehement darauf hingewiesen, auf die Gesunderhaltung der Völker zu achten. Für uns Stadtimker muss es das oberste Prinzip sein.

Mir ist bei der Varroabehandlung immer mulmig zumute. Ich finde es absolut notwendig, dass es Imker gibt, die hier immer weiterforschen und versuchen, schonende, biologische Wege zu gehen, anstatt eine Behandlung durchzuführen. Aber das funktioniert eben nur auf dem Land, wo die Bienenstände weiter voneinander entfernt sind und der Befallsdruck auf die anderen Völker nicht so hoch ist. Hier in Berlin müssen wir vorerst auf Nummer sicher gehen.

Die Forschung sagt, es schade den Bienen nicht, mit Ameisensäure behandelt zu werden. Dann hört man wiederum Stimmen, die behaupten, eine Königin hält maximal zwei Säurebehandlungen aus. Einige Imker setzen gegen die Milbe das ätherische Öl Thymol ein, das in den Zellwänden des Thymian vorkommt und bei den Bienen einen Putzreflex auslöst.

Ich finde jeden Eingriff für die Bienen schlimm, aber die Not zwingt zur Behandlung. Imker träumen davon, dass sich die Biene alleine wehren kann. Aber dafür braucht sie Zeit.

Es gibt Untersuchungen auf entlegenen Inseln, wo man die Vorgänge, wie sich der Milbenbefall in einem Stock vollzieht und wie die Bienen darauf reagieren, besser beobachten kann, weil es dort im Umkreis keine anderen Bienenvölker gibt. Dort sind die Bestände nach dem Aussetzen vermilbter Völker zunächst eingebrochen, haben sich danach aber auf einem Zehntel des ursprünglichen Bestandes eingependelt. Die Milbe konnte die Bienen also nicht vollständig ausrotten. Vielleicht kann man auf diese Weise einmal resistente Bienen züchten?

Allerdings hat eine Verbindung zu den heimischen Völkern noch nicht geklappt. Zwar versuchte man bereits, die Eier der auf der Insel übrig gebliebenen Königinnen in Kolonien, die bei uns lebten, einzusetzen. Der erhoffte Erfolg, resistente Völker zu bekommen, ist aber logischerweise ausgeblieben. Das Wissen, wie man mit der Varroa überleben kann, ist nicht in den Genen der Königin gespeichert, sondern im Volk. Nur das Bienenvolk als Ganzes weiß, wie es geht. Das große Ganze ist an die jeweiligen Umweltbedingungen angepasst, der Einzelne jedoch kann alleine nichts ausrichten.

Trotzdem wird immer weitergeforscht und gezüchtet. Besonders Bienen, die einen stärkeren Putztrieb aufweisen, werden vermehrt. Aber es braucht alles seine Zeit. Die Varroa lebt in Deutschland erst seit dreißig Jahren. Aus biologischer Sicht ist das eine sehr kurze Zeitspanne. Und man sollte bedenken, dass viele ältere Imker berichten, das Wesen der Honigbienen habe sich in den vergangenen Jahrzehnten verändert. Viele behaupten, unsere *Apis mellifera* habe viel von ihrer Widerstandsfähigkeit eingebüßt und sei wesentlich anfälliger für Krankheiten geworden. Vielleicht ist sie mittlerweile auch zu sanftmütig, um mit der Varroa fertig zu werden?

Aber das sind alles nur Einzelbeobachtungen und Vermutungen. Keiner weiß wirklich, wie den Honigbienen zu helfen ist. Ich finde es ein gutes Zeichen, dass wieder junge Leute anfangen zu imkern und nach Möglichkeiten suchen, dieses Problem zu lösen. Und auch die Altgedienten sind näher zusammengerückt. Ein gemeinsamer Feind schweißt zusammen.

Winterpause

Ab September gehe ich nicht mehr an die Bienenvölker. Sie müssen jetzt gut vorbereitet sein, genügend Futter haben, eine Königin, die sie über den Winter versorgen, und genügend Raum. Anfang Oktober verenge ich die Fluglöcher, dass sich keine ungebetenen Gäste dort einnisten können. Ein Mäusegitter brauche ich auf dem Dach nicht, aber ich zurre mit Schnüren die Bienenkisten fest, damit die Herbst- und Winterstürme keinen Schaden anrichten können. Zum Beschweren der Kisten lege ich zusätzlich einige Steine auf die Deckel.

Auch von meinen Gärten verabschiede ich mich im Herbst. Ende November, wenn sich draußen alles in die Winterruhe begibt, kehrt langsam mehr Ruhe ein. Die Bäume, Sträucher und Stauden nutzen die schönen Spätsommertage, um Knospen anzulegen, die der Kälte trotzen. Dann, wenn das Laub fällt und die ersten Fröste kommen, sind sie gut vorbereitet. Stauden überwintern unterirdisch, Bäume und Sträucher speichern die Energie, die sie im Frühjahr zum Wachsen brauchen, in den Knospen.

Wenn der Winter Einzug hält, sind die Winterbienen bereits rege. Sie sehen etwas anders aus als die Sommerbienen, ihre Körper sind rundlicher, weil sie die Anlagen für dicke Eiweißpolster tragen. Davon können sie im langen Winter zehren.

Die Winterbienen sind vor allem ausdauernd. Auch die Knospen der Bäume und Sträucher sind ausdauernd. Die Natur um uns herum macht eine Wesensveränderung durch. Deshalb dürfen auch wir uns eine Wesensveränderung leisten. Wir können nicht immer gleich funktionieren. Ich denke, das liegt in der Natur der Dinge.

Mitte Dezember, wenn es anfängt zu frieren und dauerhaft Minusgrade zu erwarten sind, verschließe ich den offenen Gitterboden der Beuten mit einer Styroporplatte. Ich fürchte, dass es den Bienen sonst zu kalt wird. Über diesen Schritt bin ich etwas unsicher, weil die Bieneninstitute empfehlen, die Beuten unten offen zu lassen. Dadurch kann die Luft zirkulieren, es wird nie zu feucht. Die Bienen heizen ohnehin nur die Traube, argumentierten die Bieneninstitute. Aber das bringe ich einfach nicht übers Herz.

Natürlich besteht die Gefahr, dass es im Stock zu warm wird und die Bienen früher zu brüten beginnen. Das darf nicht passieren, die Brutpause ist ja so wichtig, damit sich die Milben nicht vermehren können. Aber ich denke, es hängt wohl nicht von einem oder zwei Grad ab, ob die Bienen anfangen zu brüten. Auch die Holzbeuten im Naturbau sind unten verschlossen. Und einmal hatte eines meiner Bienenvölker über den Sommer sogar das Gitter unten komplett mit Propolis verschlossen, weil es ihnen zu stark gezogen hat. Dafür brauchten sie so viel Energie, dass ich ihnen den Boden jetzt lieber gleich zumache.

Im Dezember muss ich die Stöcke auch noch einmal kurz öffnen, um die Bienen zum letzten Mal im Jahr gegen die Varroa zu behandeln. Obwohl die Bienen im Winter absolut ungestört bleiben müssen, wird von den Bieneninstituten im Dezember die letzte Varroabehandlung gefordert.

In den vergangenen Jahren habe ich die Bienen aber nicht behandelt, weil ich mich nicht traute, im Winter an ihnen zu arbeiten. Letztes Jahr aber war der Varroabefall so stark, dass ich die Behandlung doch machte. Ich wollte nicht riskieren, dass die Bienen mit meinem Wissen an der Varroa krepieren. Vor nichts fürchte ich mich mehr, als dass die Bienen unter meiner Obhut sterben.

Dieser zweite Teil der Varroabehandlung erfolgt mit Oxalsäure. Sie wird auf die Bienen geträufelt und regt ihren Putztrieb an. Die Milben, die sich über die Wintermonate an den Bienenkörpern befinden, leben dort zwei bis drei Monate. Das ist genau die Zeitspanne, die die Brutpause der Westlichen Honigbiene umfasst. Sobald die Königin mit der Eiablage beginnt, beginnt auch wieder die Vermehrung der Milben. Eine Restentmilbung im Winter ist daher eigentlich absolut notwendig. Nur dann ist die Milbenzahl niedrig und die Vermehrungsrate gering. Bei meinem Eingriff im letzten Jahr hatte ich auch ein gutes Gefühl.

Es ist wirklich faszinierend, die Winterbienen für einen kurzen Moment zu sehen. Von außen betrachtet, ist der Bienenstand ein unwirtlicher Ort. Tote Bienen liegen vor den Fluglöchern. Das Summen der Traube ist nur bei genauem Hören wahrzunehmen. Im Gegensatz zum frohen Treiben im Sommer ist es ein trauriger Anblick.

Aber wenn man die Winterbienen dann drinnen auf den Waben sitzen sieht; friedlich, sich langsam bewegend, uns Imker nicht beachtend, ist es jedes Mal wieder wie ein Wunder! Sie haben noch drei dunkle Monate im geschlossenen Stock, wenn draußen die Stürme toben. Trotzdem, ab der Wintersonnenwende am 21. Dezember geht es schon wieder aufwärts, und das Volk entwickelt sich. Die Königin fängt bald schon an, Eier zu legen. Gedanklich bin ich fast jeden Tag bei ihnen. Ich wünsche ihnen Kraft und gutes Durchhaltevermögen.

Wenn die Außenarbeiten erledigt sind, mache ich mich zu Hause ans Honigabfüllen. Es ist wunderbar, wie dabei, mitten im Winter, der Duft des Sommers aufsteigt. Jeder Honig hat einen anderen Duft und eine andere Farbe. Meiner schmeckt so vielschichtig, dass ich ihn pur bevorzuge. Ich möchte ihm nichts beimischen.

Der Honig, den ich Anfang Mai ernte, schmeckt vor allem nach Ahorn und Kastanie. Er ist würzig und dunkelgelb. Vier Wochen später wird der Robinienhonig geerntet, er ist fast durchsichtig und sehr mild – in ihm kommt der Frühsommer zum Ausdruck. Wieder vier Wochen später kommt der Lindenhonig, der sehr würzig schmeckt und in dem auch der Nektar des Götterbaums enthalten ist. Wenn ich alle Sorten nebeneinander betrachte, staune ich über die Vielfalt.

Jeder Geschmack weist auf eine andere Stimmung in der Stadt hin und ist so unverkennbar, dass er auch noch in den Wintermonaten die Bilder des Sommers erzeugen kann. Ich fülle ihn in meine kleinen 250-Gramm-Gläser ab und etikettiere sie mit meinem Label.

Teil einer Marke

Ich hatte mich vor ein paar Jahren für ein eigenes Etikett entschieden, weil ich das Individuelle am Honig hervorheben wollte. So selbstverständlich das für mich auch sein mochte, die Frage des Etiketts führt im Imkerverein immer wieder zu Diskussionen.

Ein Imkerkollege, der seit etwa zehn Jahren Bienen hat, stellte uns allen das DIB-Label vor, das Etikett des Deutschen Imkerbundes. Das Label kannte jeder: Ein breites grünes Kreuz auf gelbem Grund. Es wird zusammen mit dem Einheitsglas ausgegeben, einem dicken festen Glas mit eingestanztem Zeichen.

»Ich finde das Label old-school«, gestand ich. »Ich kann es mir auf dem Land gut vorstellen. Hier in der Stadt gibt es so viele unterschiedliche Produkte, da muss man sich von anderen unterscheiden.«

»Aber es geht doch nicht in erster Linie um dein Produkt. Es geht darum, Teil einer Marke zu sein. Ich produziere echten deutschen Honig und bin stolz, Teil dieser Marke zu sein. Ich erkenne die Qualitätsvorschriften an und befolge sie«, entgegnete mein Kollege. »Echter Deutscher Honig, das ist für mich eine Marke wie Dallmayr oder Persil«, sagte er, und da hatte er nicht ganz unrecht, denn die Marke existiert seit 1926. Ein anderer Kollege mischte sich in die Diskussion: »Meine Familie hat Kontakte nach Thailand. Wenn ich nach Südostasien fahre, bringe ich immer einige Gläser Honig mit. Meine thailändischen Gastgeber sind begeistert davon, echten deutschen Honig zu bekommen. Auf dem Etikett steht mein Name. Das reicht. Das bezeugt, dass ich der Imker bin, der ihn produziert hat.«

Ich wusste nicht so recht, wie ich meinen Einwand formulieren sollte. Schließlich war ich im Grunde gar nicht gegen das DIB-Etikett. »Das verstehe ich. Um diese Marke, den Echten Deutschen Honig, beneiden uns ja zum Beispiel auch die Amerikaner. Bundesweit haben wir eine einheitliche Identifikation. Eigentlich finde ich es schon eine super Idee, wenn 80 000 Leute Teil einer Marke sind«, antwortete ich.

»Warum nimmst du dann nicht das Etikett vom DIB? Du bist doch auch Mitglied im Imkerverein.«

»Es ist so präsent, dass es kaum Raum für Gestaltungsmöglichkeiten lässt. Wenn DIB nur ein kleiner Schriftzug wäre und man den größten Teil des Etiketts selbst gestalten könnte, wäre ich dabei. Ich würde mich ja auch gern als Teil dieser Marke fühlen. Für mich ist Individualität einfach wichtiger als eine Markenbotschaft. Jeder Imker, jeder Honig ist einzigartig. Wenn man diese Eigenarten nicht über das Etikett transportieren kann, fehlt etwas Entscheidendes.«

Ich glaube, man kann das ganz gut mit Wein vergleichen. Auch hier ist jede Traube, jeder Jahrgang unterschiedlich. Nur dass die Individualität in dieser Branche genutzt wird, um die Vielfalt der Weine zu betonen und für jeden Gaumen einen guten Tropfen bereitzuhalten. Man stelle sich vor, auf jeder deutschen Weinflasche wäre das gleiche Etikett! Das hat dann nichts mehr mit Markentreue zu tun, sondern mit Gleichmacherei. Ich bin der Meinung, nur durch die Betonung der Unterschiede kann man wieder ein Bewusstsein für den Wert des Honigs schaffen.

»Aber es geht auch darum, sich den strengen Kontrollen zu unterziehen«, hob der Imkerkollege, der das Label vorgestellt hatte, noch einmal an. »Ich weiß, dass jedes Glas Honig unangemeldet kontrolliert werden kann. Ich habe eine Buchführung mit Los- und Kontrollnummern. Ich kenne jede Charge und weiß, welche Gläser aus welchem Eimer befüllt wurden. Wenn jemand etwas beanstandet, kann ich es genau zurückverfolgen.«

»Ich habe auch jeden meiner Honigeimer mit dem Datum der Ernte beschriftet und auch die Menge an Waben vermerkt. Aber ich numeriere nicht jedes Glas«, sagte ich.

»Aber so verlierst du die Übersicht!«

»Nein, die Übersicht kann ich bei sieben Völkern trotzdem behalten. Ich lege mir von jedem Eimer ein Glas zur Seite. Für Zusammenschlüsse und Genossenschaften kann ich mich, wie ihr wisst, immer begeistern«, beschloss ich die Diskussion. »Aber ich glaube, wir müssen das in einem kleineren, lokaleren Rahmen organisieren. Ich achte den Deutschen Imkerbund für seine Öffentlichkeitsarbeit. Es ist wichtig, dass er sich auf politischer Ebene für die Interessen der Imker einsetzt. Nur so kann man versuchen, Teilbereiche in der industriellen Landwirtschaft bienenfreundlicher zu gestalten. Die Aufgaben werden auch immer brisanter: Einsatz von Pflanzenschutzmitteln, genveränderte Pollen, die die Verkehrsfähigkeit des Honigs belasten. Um sich behaupten zu können, müssen es viele sein, die den Verein unterstützen.«

Die Diskussion hing mir noch lange nach. Ich war jetzt seit

vier Jahren Mitglied im Imkerverein und hatte schon viele Kontroversen miterlebt. Wir konnten alle froh sein, dass die deutschen Imker so gut organisiert waren, da gab ich den anderen recht. Andererseits lief vieles nicht optimal, trotz der guten Vernetzung.

Der Wachskreislauf

Im Winter war nicht nur Zeit für alle möglichen Diskussionen, im Winter kümmert sich ein Imker auch um alles, was man nicht zwingend im Frühjahr und Sommer erledigen muss. Immer wenn ich mit dem Abfüllen des Honigs fertig bin, kommt das Wachs an die Reihe. 2010 schmolz ich mein Wachs bei einem befreundeten Imker zum ersten Mal selbst, in den Jahren davor hatte ich es im Imkereifachgeschäft abgegeben.

Manche Imker gießen aus ihrem Wachs Kerzen und verkaufen sie zum Beispiel auf Weihnachtsmärkten. Weil Stéphane den Geruch von Bienenwachs nicht leiden kann, wollte ich es zunächst im Imkereifachhandel abgeben und fuhr zu Frau Jesse, die mich immer gut beriet.

»Hallo, Frau Jesse. Ich habe hier das Wachs meiner Bienen und würde es gerne bei Ihnen gegen Mittelwände eintauschen.«

»Im großen Wachswerk? Oder möchten Sie einen eigenen Wachskreislauf haben?«

»Was ist denn der Unterschied?«

»Im großen Kreislauf bringe ich das Wachs von vielen Imkern zur Wachsfabrik. Dort entstehen dann Mittelwände, die Sie wieder bei mir kaufen können. Ich verrechne im Gegenzug das Gewicht an Wachs, das Sie mir bringen. Wenn Sie einen eigenen Wachskreislauf haben möchten, dann müssen sie sich die Gerätschaften kaufen, ihre eigenen Mittelwände herzustellen. Dafür brauchen Sie einen Raum, in dem Sie mit Wachs arbeiten können. Ich würde Ihnen nicht Ihre Küche empfehlen.«

»Dann möchte ich am liebsten einen eigenen. Ich möchte eigentlich nicht mein Wachs mit dem anderer vermischen. Wer weiß, was da drin ist.«

Frau Jesse nickte, gab aber zu bedenken: »Einen eigenen Wachskreislauf kann man aber nur etwa drei Jahre lang haben. Dann empfehle ich, das eigene Wachs in den großen Kreislauf zu schicken, weil es dann auf 150 Grad erhitzt wird und alle Krankheitskeime getötet werden. Im eigenen Kreislauf kann man das Wachs nie so hoch erhitzen.«

Ich überlegte. Wenn ein Imker Rückstände im Wachs hätte, würden die sich im großen Kreislauf auf alle neu gepressten Mittelwände übertragen.

Da platzte Frau Jesse in meine Überlegungen: »Neulich habe ich von einem Skandal um paraffinverseuchtes Wachs gehört. Ein Berufsimker aus Polen hat Mittelwände gekauft, die nicht aus reinem Bienenwachs hergestellt worden waren, sondern mit Paraffin gestreckt wurden, um die Herstellungskosten zu senken und mit dem Verkauf mehr Gewinn zu machen. Viele seiner Bienenvölker sind dabei gestorben, weil sich die Zellstruktur am Brutnest verengte. Paraffin hält die Temperatur von 35 Grad im Bienenstock nicht auf Dauer aus. Das kann nur echtes Bienenwachs. Wenn die Zellen schrumpfen, sterben die Larven. Paraffin kann man nicht riechen. Man muss sich auf das Gütesiegel verlassen und nur von den Wachsbetrieben kaufen, denen man vertraut. Eigentlich müsste ich von jedem Imker einen Nachweis darüber verlangen, wo er das Bienenwachs gekauft hat. Ich will nicht diejenige sein, die verunreinigtes Wachs abliefert. Und ich will auch in Zukunft gute Qualität verkaufen.«

Wenn das so weiterging, brauchte ich doch irgendwann mal einen Arbeitsraum für die Imkerei. Wachsküche, Schleuderraum, Lagerraum, Werkraum. Imkerei ist eben Landwirtschaft. Menschen, die auf Bauernhöfen wohnen oder einen Schrebergarten haben, sind da im Vorteil. Vielleicht müssen wir anderen, die wir nicht so viel Platz haben, uns zusammenschließen und die Gerätschaften teilen?

Schweren Herzens entschied ich mich damals, das Wachs tatsächlich in den großen Kreislauf zu schicken, ich hatte einfach keine andere Möglichkeit. In solchen Momenten träume ich von einem großen, idyllisch gelegenen Landhaus mit Garten, wo es einen Schuppen und viel Platz für eine Wachsküche gibt. Meistens wische ich diese Gedanken schnell weg, denn mittlerweile bin ich mit Leib und Seele Städterin, Berlin ist meine Heimat. Wenn es an der Zeit ist, werden sich Räumlichkeiten finden, die bezahlbar sind.

Trendwende:
Rettet die Bienen!

Dass die Bienen heutzutage ernsthaft in Gefahr sind, hat sich nicht nur unter Imkern herumgesprochen. Jeder weiß heute, dass die Varroamilbe, *Varroa destructor,* auf dem Vormarsch ist und unsere Völker bedroht. Vor allem das Bienensterben in den USA, das *Colony Collapse Disorder (CCD)* genannt wurde, lenkte die Medienaufmerksamkeit auf die Bedeutung der Bienenvölker für die Menschheit.

Die Geschichte des Bienensterbens ist mysteriös und grausam. Der Völkerkollaps hat sich in den USA seit dem Winter 2006/07 so massiv ausgebreitet, dass in einigen Regionen bis zu achtzig Prozent der Bienenvölker zugrunde gingen. Im März 2007 wurde die Hälfte aller Bundesstaaten von dem Völkersterben heimgesucht. Dass ihre Völker betroffen waren, erkannten die Imker daran, dass die erwachsenen Bienen im Stock fehlten. Die Arbeitsbienen sind verschwunden, die Brut, die jungen Bienen und die Königin dagegen waren noch vorhanden.

Weil die Honigbiene zahlreiche Nutzpflanzenarten bestäubt, wurde vermutet, dass es zu Engpässen und Ausfällen in der Versorgung mit bestimmten wichtigen Lebensmitteln kommen könnte. Betroffen wären in den Vereinigten Staaten beispielsweise der Anbau von Äpfeln, Birnen, zahlreichen Beerenarten wie Himbeeren, Erdbeeren, Johannis- und Stachelbeeren, Gurken, Kirschen, Kürbissen und Melonen, Mandeln, Pfirsichen, Sojabohnen und etwa neunzig anderen Obst- und Gemüsearten. Dasselbe galt beispielsweise auch für den Klee, den Rinder fressen. So kam es zusätzlich noch zu Engpässen in der Produktion von Milch- und Fleischprodukten.

Die Ursachen für das Völkersterben sind noch nicht erforscht. Die besten Institute für Bienenforschung in Amerika haben verschiedene Studien in Arbeit. Es deutet alles darauf hin, dass das Völkersterben die Folge verschiedener Umweltfaktoren ist, die der Mensch im Laufe der Zeit verändert hat und die in ihrer Summe erheblichen Schaden anrichten.
Man ist sich einig, dass die Varroamilbe den Gesundheitszustand der Bienenvölker schwächt, so dass sie anfälliger für Viren und Bakterien sind. Durch die industrielle Imkerei mit Zehntausenden von Bienenvölkern, die auf Bestäubungsrouten Tausende von Meilen zurücklegen, leiden die Bienen unter Monokulturen, also einseitiger Ernährung, und unter Stress. Außerdem verschlechterten sich ihre Lebensbedingungen durch den massiven Einsatz von Pflanzenschutzmitteln und durch die Dichte der Völkerzahlen auf Plantagen. Wahrscheinlich ist auch, dass der Genpool durch die industrielle Vermehrung der Königinnen immer kleiner wird.
Ein Umdenken im 21. Jahrhundert ist notwendig. Es erfolgt wohl auch, weil der Schaden, den das Bienensterben auslöst, immens ist. Amerikanische Wissenschaftler haben ausgerechnet, dass 200 Bienenvölker durch ihre Bestäubungsleistung die Grundlage für Einnahmen von 5 Millionen Dollar schaffen – pro Jahr! Durch die Bestäubung von Mandeln, Blaubeeren, Äpfeln und Kürbissen wachsen diese Früchte überhaupt erst und können vertrieben werden. Die Agrarindustrie will durch chemische Mittel ihre Pflanzen vor Schädlingen schützen – und löst doch nur die Vernichtung der Nützlinge aus.

Wer jetzt denkt, das sei weit weg, der irrt. Auch bei uns spitzt sich die Lage immer weiter zu. Vor allem im Winter 2009 / 10 starben viel mehr Bienenvölker als in anderen Jahren, in manchen Landstrichen waren es doppelt so viele wie üblich. Der Verlust in ganz Deutschland wurde auf bis zu 200 000 Bienenvölker geschätzt.

Generell haben Imker alle drei bis fünf Jahre mit hohen Verlusten zu kämpfen, wobei es fast keinen Winter mehr gibt, der nicht Probleme bereitet. Zwar war der Winter von 2009 auf 2010 ungewöhnlich hart, aber hierin erkennen wir Imker nicht die Ursache für das massenhafte Sterben. Schließlich ist unsere *Apis mellifera* bereits seit Jahrhunderten an das Klima gewöhnt.

Dennoch ist bisher keine alleinige Ursache für den Bienentod identifiziert worden. Die Natur ist eben komplexer, und einen einfachen Wirkungsmechanismus gibt es bei der Biene ohnehin nicht. Bienen bewegen sich an Schnittstellen, und dadurch zeigen sie Grenzen auf.

Sicher ist, dass die Widerstandsfähigkeit der Bienen durch verschiedene Einflüsse abgenommen hat. Viele deutsche Imker beobachten bei ihren Bienen neuerdings eine merkwürdige Orientierungslosigkeit und unerklärliche Verhaltensänderungen, die wahrscheinlich durch Pestizide hervorgerufen werden. Oder sind es die erhöhten Strahlenbelastungen?

Umweltgifte, die vielerorts auf den Feldern gespritzt werden, stören das Ökosystem. Erst 2008 starben in der Rheinebene 11 500 Bienenvölker, nachdem dort großflächig Neonicotinoide ausgebracht worden waren. Mittlerweile weiß man, dass bereits geringe Giftmengen der Biene zusetzen, die sie über Tautropfen an den Blättern aufnehmen.

Nach diesem Vorfall 2008 stoppte das Bundesamt für Verbraucherschutz und Lebensmittelsicherheit den Verkauf und die Anwendung von zunächst acht Saatgutbehandlungsmitteln, ließ aber vier Mittel noch im selben Jahr wieder zu, nachdem diese modifiziert worden waren. Völlig zu Recht kritisierten der Naturschutzbund NABU und der Erwerbsimkerbund damals das Deutsche Bienenmonitoring – ein Kooperationsprojekt bienenforschender Institute, das es seit 2004 gibt – als nicht aussagekräftig und forderten eine objektive Untersuchung der Pestizide.

Offensichtlich ist vielen nicht bewusst, was auf dem Spiel steht. Die Bienen existieren nicht unabhängig von uns. Wir können nicht einfach so auf sie verzichten. Mir zeigt das einmal mehr, wie hoch der Preis für eine industrielle Landwirtschaft ist, wenn wir Monokulturen nur durch den Einsatz von Pflanzenschutzmitteln unterhalten können und dabei unsere wichtigsten Bestäuber vergiften.

Deutschland, Imkerland?

Die Imkerei zeichnet sich in Deutschland vor allem durch ihre Vielfältigkeit aus. Die vielen kleinen Imkereien, die weniger als zwanzig Bienenvölker besitzen, machen rund neunzig Prozent der Bienenhalter aus. Im aktuellen bundesweiten Durchschnitt betreut ein Imker 7,4 Bienenvölker. Eine breit gestreute Verteilung der kleinen Imkereien ermöglicht eigentlich eine relativ flächendeckende Bestäubung der Pflanzen. Dennoch gibt es heutzutage zu wenig Bienenvölker, und eine ausreichende Bestäubung ist nicht gegeben.

In den Jahren um 1920 hatte Deutschland die meisten Imker und die höchsten Völkerzahlen. Damals hatte der Deutsche Imkerbund etwa 235 000 Mitglieder. Sie betreuten 2,5 Millionen Bienenvölker. Bei einer gleichmäßigen Verteilung der Bienenvölker in Deutschland wären es etwa sieben Völker pro Quadratkilometer gewesen, wobei sich das Sammelgebiet eines Volkes über vierzig Quadratkilometer erstrecken kann. Zu dieser Zeit war eine flächendeckende Bestäubung gewährleistet.

Heute gibt es in Deutschland, trotz steigender Mitgliederzahlen, nur 85 000 Imker. Sie betreuen etwa 750 000 Bienenvölker, was bedeutet, dass heutzutage etwa ein Drittel an Imkern nur ein Drittel der Bienenvölker von damals bewirtschaftet. Eine flächendeckende Bestäubung ist also nicht gegeben.

Hinzu kommt, dass die meisten Imker schon über siebzig Jahre alt sind. In den kommenden Jahren wird also die Bienenhaltung dramatisch zurückgehen. Die Frage ist, ob der Mensch es sich überhaupt leisten kann, in solchem Maße auf Bienen zu verzichten. Ich meine, nein.

Ein paar Zahlen zum Vergleich und zum Nachdenken: In Bayern gibt es eine Bestäubungsrate von 2,3 Völkern pro Quadratkilometer, in Mecklenburg-Vorpommern liegt sie bei 0,5. Berlin liegt bei 3,3 Völkern pro Quadratkilometer, Hamburg bei 4,6.

Bei uns Stadtimkern steht die Bestäubungsleistung der Honigbiene nicht im Vordergrund. Obwohl wir um die dringend notwendige Bestäubungsleistung der Bienen wissen, imkern wir hauptsächlich wegen des Honigs – unsere Bestäubung ist eine Wissensbestäubung.

Wir urbanen Landwirte genießen den Luxus, uns mit Landwirtschaft zu beschäftigen, ohne dass wir auf Erträge angewiesen sind. Wir müssen keine Industrie beliefern, wir dürfen so viel ernten, wie wir wollen, unsere Lebensgrundlage hängt nicht unmittelbar von der Ernte der landwirtschaftlichen Erzeugnisse ab, die wir herstellen.

Im Deutschen Imkerbund sind alle Imker organisiert, egal ob sie auf dem Land oder in der Stadt Bienen halten. Seit März 1926 können Mitglieder im DIB ihr Produkt unter der Marke »Echter Deutscher Honig« vermarkten. Der Imker ist nicht nur Wissensbestäuber, er ist auch Versorger. Alte Imker, die ich besucht habe, die zu Hause im eigenen Haus schleudern, abfüllen, Wachs pressen, Kerzen drehen, Propolis-Tinkturen herstellen und all ihre Produkte anbieten, haben meist nur ein kleines Schild an der Haustür: *Honig aus eigener Imkerei.* Früher standen sie auf Märkten, heute kommen die Kunden und holen ihren Honig ab.

Imker versorgen Arbeitskollegen, Nachbarn, Bekannte. Sie verknüpfen die Menschen in ihrem Umfeld und in ihrem Aktionsradius.

Vor ein paar Jahren ist die DIB-Marke in die Supermarktregale eingezogen. Dort wird vor allem Honig von Genossenschaften und Abfüllstellen angeboten. Deutscher Honig unterliegt im Vergleich zu ausländischen Honigen sehr hohen Ansprüchen an die Qualität, den Reinheitsgrad, den HMF-Wert – ein Indikator für Frische und Naturbelassenheit –, die elektrische Leitfähigkeit und den Wassergehalt. Es ist also ganz einfach und bequem, seinen Honig im Supermarkt zu kaufen, und die Qualität ist in jedem Fall gewährleistet. Doch gleichzeitig verlieren wir so immer mehr den Bezug zu den heimischen Produkten und treten immer weiter aus dem Kreislauf unseres natürlichen Lebensumfelds heraus. Deshalb finde ich es nach wie vor wichtig, eine Beziehung vom Erzeuger zum Konsumenten aufrechtzuerhalten. In diesem Sinne wünsche ich mir, dass die Imkerschaft ihre eigenen Vertriebswege beibehält.

Vorsitzende

Als ich dem Imkerverein beitrat, kamen nur wenig Leute in die monatlichen Versammlungen. Wenn alle da waren, waren wir acht Leute. Die ersten Versammlungsabende verliefen immer gleich: Herr Beck eröffnete die Versammlung mit der ersten Frage, wie es unseren Bienenständen gehe. Dann erzählte jeder von seinen Erfahrungen, und diese wurden diskutiert. Es kam auch immer wieder zu Streitgesprächen, weil die Beobachtungen und auch die Erklärungen für die gegenwärtigen Stimmungen in den Stöcken der einzelnen Imker so unterschiedlich waren. Es gab kaum Konsens.

Die einzigen Konstanten waren Herr Kissmann, der in jeder Versammlung vom Wetter berichtete, und Herr Regenberg mit seinen zwei Bienenvölkern. Er strahlte immer Ruhe und Weitblick aus. Nahm alles so, wie es war, und erklärte seine Regeln der Bienenhaltung, der er seit vielen Jahren mit gutem Erfolg nachging.

Ich saß immer neben Bernd und hörte meist nur zu. Zwar verstand ich mit der Zeit, worüber gesprochen wurde, aber zunächst wollte ich mich nicht groß zu Wort melden. Obwohl ich diese für mich eigenartige Veranstaltung mochte, lernte ich bei den Versammlungen kaum etwas über die Imkerei dazu. Dafür machte ich mir umso mehr Gedanken über die Menschen, und immerzu versuchte ich herauszufinden, wer sie eigentlich waren. Was sie bewegte, warum sie sich an einem bestimmten Tag in ihrem Leben entschlossen hatten, Imker zu werden.

Das Faszinierende war ja, dass den meisten Menschen die Bienen sozusagen zufliegen. Es gab kaum einen, der von sich aus angefangen hat, Bienen zu halten. Meist waren es Freunde, Bekannte, Familienangehörige, Nachbarn, die Bienen hielten und beispielsweise aus gesundheitlichen Gründen nicht weitermachen konnten. Zum Imker wurden die meisten, indem sie dann einfach alles übernahmen.

Trotzdem wird es wohl kaum einen Imker geben, der nicht naturbegeistert ist. Man muss sich arrangieren, an den Rhythmus der Natur anpassen, mit überraschenden Ereignissen umgehen, abwägen und entscheiden, notfalls handeln. Im Grunde muss man den Platz für ein ungezähmtes Wesen im eigenen Leben haben.

Auch im Imkerverein Charlottenburg-Wilmersdorf waren die Nachwuchssorgen und die Angst vor den neuen Herausforderungen spürbar. Gegen Ende des Jahres 2009 wurde die Stimmung unruhiger, die Meinungsverschiedenheiten wurden größer, die Unstimmigkeiten zahlreicher und die Diskussionen härter. Dann trat der Vorsitzende, Herr Beck, zurück. Das war im November.

Ich kam eben von einer Preisverleihung in Montreal zurück. Stéphane und ich hatten im Frühjahr unser Detroiter Bienenprojekt bei einem Wettbewerb der Holcim Stiftung, die junge Wissenschaftler fördert, eingereicht, bei dem es um nachhaltiges Bauen ging.

Unsere Idee mit den Bienenstöcken war sehr gut geeignet dafür, denn sie stellt eine Infrastruktur bereit, die die Lebensgrundlagen für die Menschen nachhaltig verbessert, also Arbeitsplätze schafft. Positiv bewertet wurde außerdem, dass Brachflächen renaturiert und landschaftspflegerisch genutzt werden würden. Bei dem Wettbewerb gewannen wir den *Regional Award* für Nordamerika.

Als ich Bernd, der mittlerweile mehr ein Freund als ein Imkerpate für mich war, davon erzählte, meinte er: »Hast du nicht Lust, den Imkerverein zu leiten? Wir brauchen Leute wie dich. Du weißt schon einiges über Bienen, und du kommst gerne in die Versammlungen. Außerdem liegt es dir, auf Menschen zuzugehen. Das kannst du hier tun. Wir brauchen auch wieder mehr Mitglieder, vor allem jüngere Leute. Wenn du die Vorsitzende bist, mache ich die Neuimkerschulung! Dann könnten wir gemeinsam damit anfangen, den Verein zu verjüngen.«

Er schlug vor, dass ich erst mal für ein Jahr, also bis zur turnusmäßigen Wahl des Vorsitzenden, einspringen sollte.

Ich freute mich über diesen Vertrauensvorschuss, den man mir da gewährte, hatte aber auch Sorge, ob ich alles richtig machen würde.

»Ja«, sagte ich, »das würde ich gerne machen. Und ein Jahr hört sich erst einmal gut an.«

Ich mag Herausforderungen. Nur wenn man sich etwas Neuem stellt, kann man wachsen. Aber natürlich hatte ich auch Zweifel, ob ich es schaffen würde, dem Verein neues Leben einzuhauchen.

Zum Glück gab es Bernd.

An die allererste Sitzung, die ich geleitet habe, kann ich mich nur zu gut erinnern. Zu Hause war ich noch relativ cool, bereitete mich nicht vor, sondern heftete alles, was ich vortragen wollte, nacheinander im Ordner ab. Das wollte ich dann der Reihe nach besprechen.

Bernd holte mich wie immer ab, und wir fuhren gemeinsam zur Versammlung. Wir waren um kurz vor 19 Uhr da. Es kamen die mir schon bekannten Mitglieder, so dass wir etwa zehn Leute waren. Dann, als ich die Versammlung eröffnete, wurden alle still und schauten mich erwartungsvoll an. Ich verlor den Faden. Plötzlich war mir klar, dass ich jetzt eine zweistündige Versammlung vor mir hatte, in der ich das Wort führen musste. Und ich hatte noch nicht einmal was vorbereitet! Mich verließ der Mut.

Nach der kurzen Begrüßung und der darauffolgenden Denkpause setzte ich wieder an, aber diesmal so aufgeregt, dass ich viel zu schnell sprach. Nach fünf Minuten unterbrach mich eines der Mitglieder: »Frau Mayr, Sie sprechen zu schnell. Man kann Ihnen gar nicht folgen.«

Das steigerte natürlich meine Nervosität noch mehr. Um etwas Ruhe in die Veranstaltung zu bringen und mich wieder zu sammeln, wollte ich das Wort an Herrn Kissmann abgeben, um etwas über den Wetterbericht zu erfahren. Herr Kissmann aber war unbarmherzig: »Frau Mayr, ich bin erst später dran mit den Wetterbeobachtungen. Sie können ruhig weiter von den Ereignissen der Delegiertenversammlung berichten.«

Schleppend vergingen die Minuten, bis ich die Versammlung beenden konnte.

Nachdem alle gegangen waren und nur noch Bernd blieb, war ich den Tränen nahe. »Das war dann wohl mein letzter Auftritt als Imkervereinsvorsitzende«, sagte ich enttäuscht zu Bernd.

»Quatsch, Erika! Das war das erste Mal. Und dafür lief es ganz gut. Du darfst jetzt nur nicht aufgeben«, ermunterte er mich. »Bei jeder Sitzung wirst du sicherer werden. Ich verspreche es dir.«

Ohne Bernds Unterstützung hätte ich an diesem Abend wahrscheinlich das Handtuch geworfen.

Die Begeisterung weitergeben

Bernds Vorhersagen wurden wahr. Die Sitzungen liefen immer besser, ich fand meinen Ton und verlangsamte das Tempo. Er half mir, die Sitzungen vorzubereiten, indem wir die Tagesordnungspunkte gemeinsam durchgingen. Auch während der Versammlungen saß er immer an meiner Seite.

Als ich den grundlegenden Ablauf draufhatte, ging ich die drängenden größeren Fragen an: Wie sollte der Verein aussehen? Was wollte ich verändern? Wie kann man einen Verein verjüngen, ohne den Charme und die Eigenheit des Bestehenden zu verlieren? Brauchen wir mehr Vorträge?

Wir brauchten auf jeden Fall mehr Mitglieder. Und die bekam man nur, wenn man ausbildete.

Mir war es am wichtigsten, dass junge Imker dem Verein beitraten. In ganz Deutschland steigen seit drei Jahren die Imkerzahlen wieder. In Berlin sind es zurzeit knapp 1000, in unserem Verein über 40, mehr als doppelt so viele wie vor drei Jahren.

Für die Versammlungen suchten wir uns einen neuen größeren Raum, was fast ein richtiger Neuanfang war. 2010 veranstalteten wir im Bienengarten in der großen Schrebergartenanlage *Fürstenbrunner Weg* eine Neuimkerschulung, durch die wir zwölf neue Mitglieder bekamen. Und die Ausbildung machten noch mehr! Man muss ja nicht im Verein sein, wenn man in Deutschland imkern möchte. Aber alle, die bei Bernd die Schulung machten, traten ein.

Bernd machte jeden Samstag drei Stunden lang einen Imkerkurs. Den Neuimkern gefiel der Bienengarten, er lag in Berlins größter Kleingartenkolonie, direkt an der Spree.

Ich wünsche mir, dass jeder Neuimker an diesem zentralen

Standort seinen Ableger bekommt, an dem er ein halbes Jahr geschult wird, bevor er den Ableger mit nach Hause nimmt. Zu Beginn des Kurses muss man die Völker immer wieder öffnen und nachschauen, die Brut zeigen, die Volksentwicklung überwachen – da macht ein zentraler Ausbildungsort Sinn.

Im Prinzip könnte ich auch Patin werden, aber ich fühle mich noch nicht erfahren genug. Ich experimentiere ja selbst noch viel herum mit der Bienenhaltung. Außerdem möchte ich nicht alles selbst machen. Es ist besser, die Dinge auf mehrere Schultern zu verteilen, damit alle gemeinsam an einer Sache arbeiten. Und damit jeder das gibt, was er oder sie am besten kann.

Beim Imkern ist es wie mit vielen Hobbys: Am Anfang muss man finanziell etwas investieren. Der Neuimkerkurs kostet 100 Euro, worin die Kosten für die Ausbildung und einen Ableger enthalten sind. Aber dann geht es erst richtig los: Man braucht eine Beute für den ersten Ableger, Mittelwände, Rähmchen, hinzu kommen als Minimalausrüstung Stockmeißel und Schleier, Smoker und gegebenenfalls Handschuhe. Macht noch mal insgesamt etwa 250 Euro. Entscheidet man sich im nächsten Jahr dafür weiterzumachen, kommen wieder Kosten dazu. Im Nu hat man 1000 Euro ausgegeben.

Zum Glück gibt es wieder mehr junge Leute, die die Kosten, die man zu Beginn hat, nicht scheuen. Zwar wird man mit dem Imkern nicht reich, aber schon nach ein paar Jahren kann man mit dem erzeugten Honig ganz gute Einnahmen erzielen und damit die ersten Investitionen finanzieren.

Seit ich Vorsitzende bin, haben wir im Imkerverein auch viel mehr weibliche Mitglieder. Die meisten sind zwischen vierzig und fünfzig Jahre alt, quer durch alle Berufe. Nachdem ich bei der Wahl zum neuen Vorstand mit nur drei Gegenstimmen wiedergewählt wurde, hatte ich auch eine Stellvertreterin an meiner Seite: Anett. Sie hat ein ruhiges Wesen und kann Konflikte ansprechen. Das beruhigt mich sehr, wir sind ein richtig gutes Team.

So erfreulich der Generationswechsel auch ist, so schwierig ist es dennoch, allen Interessen gerecht zu werden. Ich setze mich sehr dafür ein, ein Gleichgewicht aus Neuimkern und Altimkern herzustellen. Die meisten Neuimker sind Frauen, wir haben es also nicht nur mit einem Generationswechsel, sondern auch mit einem Geschlechterwechsel zu tun.

Die alten Herren haben oft das Sagen, aber die jungen Frauen sind eigentlich diejenigen, die den Verein heute und in die Zukunft führen. Männer und Frauen berichten auch ganz anders von ihrer Imkerei. Manch ein Mann spricht im Sommer stolz von seiner 50-Kilo-Ernte. Von uns Frauen würde das keine sagen, da geht es uns eher darum, sich gegenseitig auszuhelfen.

Bei unseren Treffen einmal im Monat gibt es noch nichts Eingefahrenes und Eingespieltes. Mann kann sich also getrost darauf verlassen, dass in den Versammlungen mehr Unruhe als Ruhe herrscht. In anderen Vereinen ist es eher das Gegenteil. Die einen sehnen sich nach Tradition und Einigkeit, die anderen nach Neuem und Aufregendem. Ein Umbruch, so wie wir ihn haben, braucht seine Zeit. 2011 sind genauso viele Mitglieder dazugekommen, wie gegangen sind. Ein Neuanfang ist eben nicht immer leicht.

In den Raps

Nach wie vor sind jedoch gerade die alten Imker mit ihren Erfahrungen im Verein wichtig für uns. Sie erzählen uns Jungen beispielsweise, wie schön es ist, in den Raps zu wandern. Im Raps entwickelten sich die Bienen aufgrund des großen Angebots an Pollen gut, so dass man danach Ableger machen und sie an die Imker verkaufen konnte, deren Bienenvölker nicht durch den Winter gekommen waren. Außerdem gibt es viele Kunden, die den cremigen Rapshonig gerne essen. Für den Imker, so schien es, ist eine Wanderung in den Raps eine Win-win-Situation.

Einmal im Frühjahr entschied ich mich, auch in den Raps zu wandern. Seit einigen Wochen war ich mit einem Brandenburger Landwirt in Kontakt. Wir sprachen uns ab, wann er seine Kultur spritzte. Er versicherte mir auch, dass ein kleiner Teich als Bienentränke in der Nähe war.

Also fuhr ich mit Bernd Richtung Süden. Auf der Fahrt wurde ich ein bisschen nervös. Ich dachte an die Geschichte aus Bayern: Im Jahr 2005 ließ der bayerische Imker Karl-Heinz Bablok seinen Honig untersuchen, wobei festgestellt wurde, dass sich darin Pollen von der gentechnisch veränderten Maissorte MON810 befand. Die Qualitätsanforderungen an Deutschen Honig sind sehr hoch, und die Reinheit des Honigs ist oberstes Gebot. In diesem Sinne war der Honig mit dem eingetragenen Pollen kein reines Naturprodukt mehr und deswegen nicht mehr für den Verkauf geeignet.

Bablok verklagte den Freistaat Bayern, der MON810 zu Forschungszwecken in einer Entfernung von etwa 500 Metern von seinen Grundstücken anbaute, auf Schadensersatz gemäß § 36 a Gentechnikgesetz und § 906 BGB. Mit Unterstützung des Vereins Mellifera ging Bablok bis zum Europäischen Gerichtshof. Das sogenannte Honigurteil durch den EuGH besagt: Hat eine gentechnisch veränderte Pflanze keine lebensmittelrechtliche Zulassung, so ist ein Honig mit diesem Pollen nicht verkehrsfähig. In Zukunft müssen alle Honige gekennzeichnet werden.

In diesem Punkt ist man sich einig, aber es gibt noch viele ungeklärte Fragen. In Deutschland werden heute zu Versuchszwecken auf zwei Hektar gentechnisch veränderte Pflanzen angebaut. Es gibt ein Register, das Auskunft darüber gibt, wo diese Flächen liegen. Die Kulturen Weizen, Zuckerrübe und Kartoffel tragen keinen Pollen (mehr), weil sie durch Abspritzen nicht zur Blüte kommen. Sie stellen auch keine Gefahr dar. Es geht vor allem um Mais, dessen Pollen auch durch den Wind weitergetragen wird.

Bei stattgefundenen Sonderkontrollaktionen wurde in mehreren Proben gentechnisch veränderter Pollen gefunden. Es gibt kaum Honig, der nicht gentechnisch veränderten Pollen in sich trägt, weil überall in Europa und Amerika gentechnisch veränderte Pflanzen auf den Feldern stehen. Auch Biohonige sind davor nicht gefeit. Wenn die Abfüller Honig aus Bulgarien und Ungarn dazukaufen und diese mit deutschem Honig mischen. Es gibt eigentlich nur noch deutschen Honig, reinen deutschen Honig, der frei davon ist.

Der Rapshonig aus Kanada ist schon aus den Regalen der Supermärkte verschwunden. Dort wächst auf 94 Prozent der Anbaufläche gentechnisch veränderter Mais.

Für uns Imker ist das Honigurteil ein großer Schritt in die richtige Richtung, aber es reicht sicher nicht aus. Wir stellen uns nach wie vor viele Fragen im Zusammenhang mit gentechnisch veränderten Pflanzen: Kann man mit Sicherheitsabständen von zehn Kilometern zu den angebauten Kulturen

Imkereien vor dem Eintrag von Pollen schützen? Besteht die Pflicht zur Information über den Anbau von gentechnisch veränderten Pflanzen? Ist Pollen dieser Pflanzen wirklich gesundheitsschädlich? Wer ist für die Langzeitfolgen verantwortlich? Was passiert mit den kleinen Imkereien, die von Feldern umgeben sind, wo GVO angepflanzt werden? Müssen sie mit der Imkerei aufhören, weil niemand mehr ihren Honig kauft, oder wird die Landwirtschaft dazu gezwungen, keine GVOs anzubauen? Was passiert dann am Weltmarkt?

Allein in Deutschland werden achtzig Prozent des Honigs importiert. Importländer sind unter anderem Argentinien, Mexiko, Kuba, China, Indien, Bulgarien, Spanien und die Ukraine. In den meisten dieser Länder werden gentechnisch veränderte Pflanzen angebaut. Wird dieser Honig in Zukunft so gefiltert, dass sich nichts mehr darin nachweisen lässt? Doch was ist dann vom eigentlichen Wert des Honigs noch vorhanden? Wo kommt dann der Honig her, den wir in Deutschland nicht selbst produzieren? Würden die Verbraucher überhaupt darauf reagieren, oder wird weiterhin nicht auf die Herkunft des Honigs geachtet?

Der Gesetzgeber hat im Umgang mit gentechnisch veränderten Organismen eine Sorgfaltspflicht. Das heißt, weil die langfristigen Folgen des Einsatzes dieser Pflanzen bisher nicht geklärt sind, haftet derjenige, der sie ausbringt. Im Falle Babloks ist dies der Freistaat Bayern. Der Hersteller Monsanto bekräftigt, dass Pollen von MON810 nicht lebensfähig und somit nicht befruchtungsfähig und in diesem Sinne kein lebender Organismus sei. So eine Art Pollen hat aber im Honig nichts zu suchen, denn dort wird aus Lebendigem Lebendiges hervorgebracht.

Während wir zu den Rapsfeldern unterwegs waren, versuchte ich, diese Gedanken zu verdrängen. Schließlich war der Landwirt sehr nett am Telefon. Als Bernd und ich angekommen waren, stellten wir die Stöcke auf. Es war heiß und trocken, ein Zeichen, dass nur wenig Nektar vorhanden sein würde. Glücklicherweise war nebenan eine Allee mit blühenden Kastanien. Wenn der Raps nichts hergeben würde, konnten die Bienen immerhin dort Nektar eintragen.

Das Pollenangebot des Raps war so hoch, dass die Bienen sofort in Schwarmstimmung kamen. Sie bildeten viele Weiselzellen aus, wofür sie die Honigproduktion einstellten. Wir wollten erst einmal zwei Wochen abwarten, ob sich noch etwas tun würde, aber auch als wir vierzehn Tage später nach den Bienen schauten, war nichts von dem guten Rapshonig zu sehen, die Honigwaben waren fast leer. Überdies war mir ein Schwarm abgehauen. Das war ja was, offensichtlich wollten die Stadtbienen gar nicht aufs Land!

Ich konnte meine Bienen gut verstehen. Bei mir hatte es ja auch auf dem Land nicht funktioniert.

Es hatte mich dort immer geschmerzt, die Eindrücke der Natur nicht mit anderen teilen zu können. Auf Dauer war es mir einfach zu einsam auf dem Land, ich brauchte nun mal den Austausch mit anderen. Gerade im Winter, wenn man, wie damals in Kanada, eingeschneit war und so wenig Impulse von außen hatte. Natürlich konnte man dann telefonieren, aber ich sehnte mich mehr nach direktem Kontakt.

Man muss auch Dorfgemeinschaften entromantisieren, dachte ich. In der Stadt ging es weniger materiell zu als auf dem Land. Die Gleichaltrigen auf dem Land hatten jetzt alle ein komplett eingerichtetes Haus und ein oder zwei Autos. Anders ging es gar nicht, weil es alle so machten.

Auf dem Land brauchte man auch viel Zeit, um heimisch zu werden. Meine Eltern waren vor vierzig Jahren in ihr Dorf gezogen und in den Augen ihrer Nachbarn immer noch nicht heimisch, obwohl sich meine Eltern sehr engagierten und ehrenamtlich arbeiteten. Ich wollte da leben, wo ich mich nicht abgrenzen musste. Auf dem Land war man immer der Andere, der Fremde.

Berlin hingegen hatte eine unglaubliche Vielfalt, eine tolle Mischung von Leuten, die hier hingezogen, und solchen, die hier geboren waren. Viele Lebensentwürfe konnten hier ungestört nebeneinander existieren. Und ich nahm an vielen verschiedenen Leben teil: Über das Mysliwska lernte ich interessante Menschen kennen. Über das Gärtnern hatte ich mit Leuten zu tun, die wohlhabend sind. Und die Imker, das waren Menschen wie ich, die sich für Naturbeobachtung interessierten.

Nicht zuletzt von Stéphane habe ich gelernt, wie man sich in der Stadt bewegt. Anfangs war ich in Berlin und auch dann, wenn ich Städte bereiste, immer überfordert von den vielen Eindrücken. Ich nehme viel über die Sinne wahr. Da hatte ich es auf dem Land leichter. Dort gibt es vor allem Lebensgemeinschaften und weniger Verkehr und Menschen. In der Stadt brauchte man einen anderen Filter. Ich verlor mich an Kleinigkeiten und konnte das große Bild nicht sehen. Die vielen Leute machten mich ganz kribbelig.

Der Stadtmensch Stéphane vermittelte mir eine Grundsicherheit. Er liebt es, Orte in der Stadt zu entdecken. Er bewegt sich ganz ruhig. Zu Beginn unserer Beziehung waren wir in vielen verschiedenen Städten, in London, New York, Paris und Tokio. Das hat uns sehr verbunden. Gerade in Asien fiel es mir schwer, mich zurechtzufinden. Ich war ja viel zu groß für Asien. Die Stühle waren zu klein für mich, die S-Bahn-

Türen zu niedrig, die Bilder im Museum hingen zu tief. Nach Tokio hatte ich dann die Stadtangst endgültig verloren.

Die Biene Mayr und ihre Freunde

Heute komme ich in der Stadt so gut zurecht, dass mir auf dem Land der Kontakt zu den vielen unterschiedlichen Menschen fehlen würde. In der Stadt kann man selbst entscheiden, wann man für sich sein möchte und wann in Gesellschaft. Und die funktioniert hier umso besser. Netzwerken mache ich gerne, und ich bin im Lauf der Jahre richtig gut darin geworden.

Unter dem Motto »Die Biene Mayr und ihre Freunde« veranstaltete die Organisation Slow Food 2011 an einem Augustwochenende in den Prinzessinnengärten ein Sommerfest, zu dem sie mich und auch andere Kreuzberger Imker einluden. Der Sonntag war wunderschön, die Sonne schien, und eine Menge Besucher kamen auf den Moritzplatz. Wir Imker verkosteten sie an Ständen mit unserem Honig, für Kinder gab es Malspiele. Anhand verschiedener Führungen wurden Bienenstände im Garten und auf dem Dach gezeigt. Zwischendurch fachsimpelten wir Kollegen. Ich nutzte die Gelegenheit des Festes, damit wir Stadtimker uns besser kennenlernen und austauschen konnten.

Lange hatte ich darüber nachgedacht, wie man die Imker eines Viertels besser vernetzen könnte. Ein Imkerverein war dafür in Kreuzberg nicht die richtige Form. Es mussten auch diejenigen integriert werden, die nicht in einen Verein eintreten beziehungsweise sich in weniger starren Gefilden mit weniger Regeln bewegen wollten.

Immer stärker drängte sich mir der Eindruck auf – je mehr ich über Bienen und ihre Haltung las und wusste –, dass der einzige Weg, die Honigbienen zu retten, die Zusammenarbeit war. Alle mussten an einem Strang ziehen.

Um nun bei diesem Sommerfest mit den anwesenden Imkern ins Gespräch zu kommen, fing ich mit einem – wie ich dachte – allseits heiß diskutierten Thema an: »Wie ist bei dir die Varroabehandlung gelaufen?«, fragte ich jeden meiner Kollegen neugierig.

»Varroabehandlung?«, fragten mich die meisten zurück. »Habe ich dieses Jahr noch gar nicht gemacht.«

»Hast du denn nicht gemerkt, dass das Wetter so gut war, dass wir vier Wochen früher mit der Varroabehandlung beginnen müssen?« Ich war entsetzt.

Es half nichts, dass ich schon damit angefangen hatte. Wenn keiner in meinem Umkreis die Bienenvölker behandelt hatte, musste ich es noch einmal tun. Wenn von drei Imkern in einem Flugkreis zwei die Ameisensäure ausbringen und einer nicht, haben nach drei Wochen wieder alle Bienen Milbenbefall. Denn wenn zwei Bienen sich an derselben Nektarquelle treffen – gegen Ende des Bienenjahres blühte nicht mehr so viel, also war diese Wahrscheinlichkeit hoch –, kann die Milbe von der einen auf die andere Biene übergehen. Die Biene fliegt dann wieder zurück und trägt die Milbe in den Stock.

Das war der Stein, der alles ins Rollen brachte. Es konnte doch nicht sein, dass der eine nicht wusste, was der andere tat? Wie viel Arbeit und Mühe könnten wir uns sparen, wenn alle Bescheid wussten? Wenn man sich regelmäßig austauschte? Daraufhin beschloss ich, einen Imkerstammtisch ins Leben zu rufen.

»Ich möchte einen Imkerstammtisch für alle Kreuzberger Imker machen«, erzählte ich gleich allen.

»Das hört sich ja gut an«, entgegnete einer spontan.

»Dann können wir unsere Arbeitsabläufe besser aufeinander abstimmen«, erklärte ich.

Aber die soziale Kontrolle war nur ein Aspekt. »Wir können dann auch Informationen austauschen«, stimmte mir eine Imkerkollegin begeistert zu.

»Ganz genau«, sagte ich. »Darüber hinaus können wir uns auch zu so etwas wie einer Genossenschaft zusammenschließen. Wir können zum Beispiel gemeinsam Futter bestellen. Wenn wir viele sind, bekommen wir bessere Konditionen.«

»Großartig«, fiel ein Kollege ein, »vielleicht können wir uns auch teure Geräte anschaffen, wie die Schleuder und die Rührmaschine, die sich keiner von uns alleine leisten kann, und sie gemeinsam nutzen.«

»Genau so ist es gemeint!« Ich strahlte.

Wir vereinbarten, uns fortan alle sechs Wochen zum Stammtisch zu treffen.

Vielleicht würden wir sogar alle gemeinsam unsere Bienen alternativ gegen die Varroa behandeln können. Es gibt bereits mehrere Ansätze, dies zu tun. Beispielsweise bei dem Projekt Brutscheune Berlin, die ohne den Einsatz von Ameisensäure an den Völkern arbeitet.

Oder Mel Disselkoen, ein Imker, den wir aus Michigan kennen. Er hat eine Methode entwickelt, die keinen so hohen Verlust an der Bienenbrut fordert. Er ist ein sehr erfahrener Imker, der bereits seit über vierzig Jahren Bienen hat. Als in den 1980er Jahren die Varroamilbe auftauchte, überlegte er sich, wie man sie bekämpfen konnte, ohne Medikamente einzusetzen. Amerika hatte ja sofort ein Gift entwickelt, nach dem Motto »What we can't control we kill«.

Mel studierte den Varroalebenszyklus und entwickelte eine

Methode, nach der die Milben sich selbst zerstören und den Bienen nur noch die Aufgabe zusteht, die kaputten Larven aus dem Stock zu werfen. In seinem Konzept gibt es immer wieder Brutpausen, in denen die Varroen auf den Bienen sitzen und auf Brut warten. Wenn sich dann die ersten Larven aus den Eiern entwickeln, stürzen sich alle Varroen auf sie. Die Verdeckelung der Larven bedeutet ihren Selbstmord: Immer nur eine kleine Anzahl von Varroen kann von einer Larve leben. Sind es mehr als zehn Milben in der Zelle, sterben alle unter dem Wachsdeckel, weil nicht genug Futter für alle da ist. Die Bienen merken, dass die Larven beschädigt sind und räumen sie aus.

In Michigan funktioniert Mels Idee gut. Hier in Berlin konnte ich sie bislang nicht anwenden, weil meine Bienen zu viel Kontakt zu anderen Völkern haben. Hierbei müsste man wirklich auf dem Land experimentieren; in der Stadt geht das nur, wenn alle mitmachen.

Hoffentlich wird uns das irgendwann einmal gelingen. Einer meiner größten Wünsche ist es, eine Bienenkarte zu erstellen. Dann könnten alle Imker in einem Flugkreis gemeinsam entscheiden, was zu tun ist. Das wäre zum Beispiel eine Chance für eine alternative Varroabehandlung.

Ein Gegenpol zur Globalisierung: Bienen als Schlüssel zu einem modernen, nachhaltigen Leben

Bald möchte ich noch vier Bienenvölker mehr halten. Am liebsten auf dem Dach der größten Industriehalle, die noch in Berlin-Mitte steht. Darin befindet sich heute der Club Tresor. Eine ziemlich beeindruckende Halle. 13 Stockwerke hoch, das Dach hat 600 Quadratmeter. Dimitri, ein Freund von mir, hat das ganze Gebäude für zwanzig Jahre gepachtet. Er hat zu Beginn der 90er Jahre angefangen, sich für den Detroit-Techno zu interessieren, den Techno-Club Tresor gegründet und pflegt seit über zwanzig Jahren guten Kontakt nach Detroit. Wir haben gemeinsame Bekannte dort, das haben wir einmal bei einem Gespräch festgestellt. Wir teilen nicht nur gemeinsame Freunde, sondern auch den Detroit-Spirit (Music & Honey).

Das Haus wurde schon für große Ausstellungen genutzt. An drei Abenden in der Woche ist auch der Club geöffnet. Ich finde, das ist ein phantastisches Bild: Bienenstöcke auf diesem letzten Relikt der Industrialisierung. Heutzutage fängt wieder das Kleine an: hier ein Imker, da ein Fischer, dort ein Bauer. Sie erzeugen selbst und schließen sich gegebenenfalls zu Erzeugergemeinschaften zusammen. Bauern tun das, um einen besseren Milchpreis zu erzeugen. Oder die interkulturellen Gärten, die Nachbarschaftsgärten, die mobilen Gärten, die Foodcoops … Es geht immer um Essen, das lokal erzeugt wird, ohne ein Zutun der Industrie. Das ist ein echter Gegenpol zur Globalisierung.

Natürlich können wir die Globalisierung nicht aufhalten. Wir können uns ja nicht alle in lokalen Einheiten versorgen. Aber wir entwickeln wieder ein Gefühl für das, was um uns herum vorhanden ist. Und das nutzen wir wieder.

Honig gehört auch zu regionaler Nahrungsmittelerzeugung und zu regionaler Ernährung, über die derzeit viele reden. In den USA sind es noch mehr. Sie nennen sich Locavoren. »Vorare« ist lateinisch für verschlingen. Locavoren jedenfalls essen nur Lebensmittel aus einem Umkreis von hundert Meilen. Durch die kurzen Transportwege soll vor allem das Klima geschont werden.

In einem Magazin der Stiftung Warentest habe ich gelesen, dass über die Hälfte der Deutschen ebenfalls beim Einkaufen auf regionale Produkte achtet. Das bedeutet, dass Obst, Gemüse, Milch, Käse und Fleisch im nächsten Umfeld hergestellt und erzeugt werden. Meist ist das eigene Bundesland das nächste Umfeld, bei mir wären es Berlin und Brandenburg.

Alles bio?

Honig ist ein besonderes Produkt, denn es ist das Abbild seiner Umgebung: Die Bienen fliegen den größten Teil des Nektars aus einem Umkreis von zwei Kilometern ein.

Außerdem findet man im Honig kaum Rückstände. Viele Menschen, die sich gesund und biologisch ernähren wollen, haben erst einmal Berührungsängste, wenn es um Stadthonig geht. Immer wieder werde ich gefragt, ob die Luftverschmutzung sich nicht im Honig niederschlägt. Dabei ist Honig generell rückstandsarm, weil die Blüten sich nur dann öffnen, wenn die Belastung gering ist.

Der Reinigungsmechanismus des Bienenvolkes kann sogar fettlösliche Stoffe aus dem Nektar filtern und über das Wachs ausscheiden. Egal, ob der Honig in der Stadt oder auf dem Land hergestellt wurde, er ist in keiner Weise gesundheitsschädlich. Honig ist der absolute Energieträger des gesamten Volkes. Wenn er schädliche Stoffe enthalten würde, könnten sich die Bienen und ihre Brut nicht so gut entwickeln. Vergiftete Bienen sterben vor dem Stock und tragen nichts davon in den Stock ein, um ihn zu schützen.

Die Mengen an Honig, die wir verzehren, sind auch relativ gering. In Deutschland isst man im Durchschnitt 1,4 Kilo Honig im Jahr, wobei das im internationalen Vergleich schon sehr viel ist. Das entspricht aber weniger als fünf Gramm am Tag.

Auch die vielen Fragen, ob mein Honig ein Bio-Label hat, sind verständlich. Wenn man jedoch weiß, wie Honig produziert wird, sind sie überflüssig. Die meisten der kleinen Imkereien bemühen sich, ihre Bienen nur dann gegen Krankheiten zu behandeln, wenn es unbedingt notwendig ist. Sie setzen keine chemischen Medikamente ein, sondern behandeln mit den zugelassenen organischen Säuren. Sie pflegen ihre Völker in erster Linie und kümmern sich darum, dass es ihnen gutgeht. Sie achten darauf, zertifiziertes Wachs für die Mittelwände zu verwenden und qualitativ hochwertigen Zuckersirup zum Einfüttern.

Es gibt in der Bio-Imkerei unterschiedliche Richtlinien. Die strengsten haben Demeter-Imker, weil diese auch noch die Art der Vermehrung miteinbeziehen. Davor habe ich Respekt. Denn mit der »natürlichen Vermehrung« ist es wirklich anspruchsvoll zu imkern.

Bei allem, was ich für die Bienen kaufen muss, achte ich auf Qualität. Ich verwende nur geprüfte Mittelwände. Meine Beuten sind aus Styropor, weil sie leichter sind als Holzbeuten und weil sie im Winter gut isolieren. Ich habe den Eindruck, meinen Bienenvölkern geht es gut darin. Sicher werde ich auch einmal Holzbeuten ausprobieren. Vielleicht gefallen sie mir besser. In der Bio-Imkerei darf nur mit Beuten aus natürlichem Material geimkert werden, z. B. Holz. Ich wünsche mir das Mittelmaß. Ich will nach bestem Wissen und Gewissen imkern. Ich möchte meinen Honig nur dann ernten, wenn er reif ist, und ich möchte ihn nicht verändern, weder in der Struktur noch im Geschmack. Ich will meinen Honig auch nur in Berlin verkaufen. Er soll nicht quer durch Deutschland transportiert werden. Er ist ein Teil der Stadt, ein Teil des Stadtteils, der Natur dort, der Stimmung. Wenn jemand Berlin besucht und diese Stimmung erfährt, dann kann er ihn in Berlin kaufen und dann weiß er auch den Honig von dort zu schätzen. Er wird noch viele Tage später von der Stimmung »erzählen«.

Ich denke, jeder, der Nahrungsmittel erzeugt, möchte diese auch an Menschen weitergeben, die die Qualität schätzen. Auf dem Land ist dies einfacher, weil man Menschen kennt, die selbst anbauen. Bei uns in der Stadt gibt es gute Netzwerke für diejenigen, die »vom Hof« kaufen wollen.
Meine Eltern haben das schon immer praktiziert, ohne groß darüber nachzudenken. Sie haben noch gelernt, was es bedeutet, im Einklang mit der Natur zu leben und viel mit ihren Händen selber herzustellen. Sie essen bis heute nur das, was in ihrem Garten gerade gedeiht. An heißen Tagen ist reif, was von innen heraus kühlt, Tomaten und Gurken zum Beispiel. An kalten Tagen gibt es das, was von innen heraus wärmt,

grünen Spinat, Lauch, Kartoffeln, Zwiebeln und Kohl zum Beispiel. Meine Eltern essen also zwei Monate lang frische Tomaten und im restlichen Jahr eingekochte Tomatensuppe. Dahinter steht eine natürliche Ordnung: Letztendlich bekommen sie von allem genug. Und es ist ganz frisch: Was sie ernten, kommt sofort auf den Tisch oder in den Topf oder wird eingemacht.

Am liebsten esse ich das Gemüse von meinen Eltern. Da weiß ich, woher es kommt, dass es gut versorgt und mit Respekt geerntet wurde. Den Lebensmitteln im Supermarkt traue ich nicht. Ich könnte so biologisch einkaufen, wie ich will, aber bei Supermarktprodukten schlägt auch immer der Transportweg zu Buche. Ich kaufe lieber auf dem Markt ein. Da spart man sich auch die Verpackung. Stéphane kocht viel zu Hause. Wir versuchen, je nach Jahreszeit zu essen. Tomaten nur im Sommer, Kartoffeln und Linsen im Winter.

Ich brauche kein Obst und Gemüse von der ganzen Welt. Ich brauche kein Erzeugnis aus Indien, aus Chile, aus Südafrika. Das kann ich essen, wenn ich vor Ort bin, aber nicht in Berlin.

Lokal geht weit über die Ernährung hinaus. Lokales trägt einen Zauber. Der Zauber ist unvergleichbar und macht den Ort unverwechselbar.

Was bringt es uns, wenn alle Cafés gleich aussehen und wir überall dasselbe essen und oft auch denselben Preis bezahlen? Wem bringt es etwas? Im weitesten Sinne unterstützt man damit Industrie, also große Konzerne. Ich bevorzuge kleine Unternehmen, die mit dem Ort verbunden sind und wenn möglich auch das Material aus dem Umfeld verwenden. Es gelingt mir nicht bei allen Dingen, aber ich achte darauf.

Das Prinzip der Regionalisierung erschöpft sich übrigens nicht bei der Ernährung. Wenn ich eine neue Bluse brauche, gehe ich zu einem Schneider in Mitte und lasse mir eine nähen. Meine Clogs, die ich zur Gartenarbeit trage, werden in einem Berliner Holzschuhladen hergestellt. Auch ein paar Strickjacken habe ich, aus einem kleinen Laden, der in Brandenburg hergestellte Strickwaren anbietet.

Alle diese Dinge sind qualitativ hochwertig, so dass sie den etwas höheren Preis rechtfertigen. Ich kann Wünsche äußern, wie ich etwas haben möchte. Wenn etwas kaputt ist, lasse ich es reparieren und kaufe nicht gleich das Nächste. Bei vielen Produkten habe ich mittlerweile die Leute kennengelernt, die sie herstellen. Ich finde, im Lokalen erkennt man viel mehr die Vielfalt und den Zauber als im Globalen.

Tauschen statt kaufen

Wenn man versucht, regionaler zu konsumieren, nimmt auch das Geld einen anderen Weg. Auf den ersten Blick waren die regionalen Erzeugnisse für mich teurer, aber am Ende sparte ich sogar Geld. Es kam mir so vor, als ob ich aus dem immerwährenden Konsumkreislauf ausscherte, als ob ich weniger kaufte und mehr Zeit für die Dinge hatte, die mir wirklich Spaß machten.

Zum Beispiel, Honig zu verschenken. Ich erinnere mich genau an den ersten Honig, den ich erntete. Das erste Glas verschnürte ich gut in Papier und schickte es meiner Schwester nach New York. »Hoffe, Du genießt diesen Gruß aus Berlin!«, schrieb ich auf eine Karte.

Gespannt wartete ich auf ihre Reaktion. Am Sonntagnachmittag klingelte das Telefon. »Erika, ich bin begeistert!«, schrie sie ins Telefon. »Wenn ich den Honig esse, fühle ich mich ganz nah bei dir in Berlin. Vielen Dank dafür!«

Ich freute mich sehr. Das Urteil meiner großen Schwester war wichtig für mich. Von jeder Ernte schickte ich ihr fortan ein Glas. Das ist jetzt schon eine richtige Tradition geworden. Sie hat eine kleine Sammlung angelegt, weil sie von jedem Glas immer nur ein bisschen naschte. Jeder Honig schmeckt ja anders. Zu Weihnachten konnte ich jedem meiner Kollegen ein Glas schenken. »Wow, Erika!«, bedanken sich die Kollegen bei mir. Ich war sehr stolz.

Meine Honigkunden sind zwischen 25 und 45 Jahre alt. Es sind Freunde und Bekannte und deren Freunde und Bekannte. Ich nutze jede Gelegenheit, ihnen von den Bienen zu erzählen. Dadurch will ich die Menschen auf ihr nächstes Umfeld aufmerksam machen. So verhalte ich mich wie eine Biene beim Ausfliegen: Ich bestäube quasi meine eigene Umgebung. Meine Freunde können so auch einen Blick für die Bäume, die gerade blühen, entwickeln.

Wer schon mal einen Robinienhonig gekostet hat, sieht und riecht eine Robinie im nächsten Jahr vielleicht das erste Mal bewusst. Robinien blühen im Mai. Sie tragen weiße Schmetterlingsblüten und duften lieblich, viel weicher als die Linde. Sie verströmen den Duft des Frühsommers, intensiv, aber mild.

Viele meiner Bekannten wollen jetzt auch Bienen beobachten. Manche fragten mich: »Ich habe auf meinem Balkon Blumen gepflanzt, aber da kommen keine Bienen, was ist denn da los?« »Geranien sind keine Blumenweide. Du musst Kräuter pflanzen, dann kommen die Bienen schon«, antwortete ich darauf. Fast jede Woche schicke ich an meine Freunde ein aktuelles Blumenbild. Es zeigt eine Blüte, die in diesem Monat blüht. Viele Menschen sehen diese Blumen nicht, weil sie keine Zeit dafür haben oder weil sie ihre Namen nicht kennen und nichts damit anfangen können. Ich zeige sie ihnen auf dem Bild als Wochengruß.

Fast jeden Tag bekomme ich über meine Homepage Anfragen aus allen Teilen Deutschlands: »Könnten Sie mir ein Glas Ihres Honigs senden?«

»Leider gibt es meinen Honig nur in Berlin«, schreibe ich immer zurück. »Aber bestimmt gibt es auch in Ihrer Nähe einen Imker. Achten Sie doch mal auf das gelbe Schild: *Honig aus eigener Imkerei.* Mit diesem Honig essen Sie ein Stück Ihrer Heimat und helfen mit, dass sie erhalten bleibt.«

Honig ist für mich schon fast so etwas wie ein Tauschmittel geworden. Einen Teil meiner Ernte tausche ich gegen Dienstleistungen, selbstproduzierte Lebensmittel, Kleidungsstücke. Wenn man mit den Leuten das Gespräch sucht, erzählt, was man macht, kommt es schnell zu Tauschgeschäften. Das macht mir richtig Spaß.

Honig ist meine neue Währung. Ich bin unabhängig davon, wie viel Geld ich habe, solange ich Honig habe. Ein tolles Gefühl!

Das erste Mal, als ich Honig tauschte, war bei meiner damaligen Zahnärztin, bei der ich bereits viele Jahre in Behandlung war. Eines Tages erzählte ich ihr von meinen Stadtbienen, und dann kamen wir ins Geschäft. Fortan konnte ich meinen Honig gegen einen Teil ihrer Dienstleistung tauschen, und wir beide waren damit zufrieden.

Dann fing es an, dass ich Lebensmittel für meinen Honig bekam. Das Interessante beim Tauschen ist, sich über den Wert zu einigen. Wie viel Wurst oder Fleisch haben den Wert eines Glases Honig? Wie viel Honig muss ich hergeben, um eine Flasche selbstgemachtes Olivenöl aus der Toskana zu bekommen?

Ich find das irre spannend. Man lernt, den Wert der Produkte wieder höher zu schätzen, denn man sieht die Arbeit, die da-

rin steckt. Ich bin sicher: Wenn die Leute mehr tauschen würden, anstatt zu kaufen, hätte die Geiz-ist-geil-Mentalität
schnell ausgedient.

Fleisch und Honig

Der Geschmack von Honig kann auch wie Musik sein. Oder
wie ein Mixtape.

Welchen Honig man gerade essen möchte, hängt auch stark
von der Stimmung ab. Nicht jeder Honiggeschmack passt zu
jedem Tag. Robinienhonig ist mild, Ahorn- und Kastanienhonig würzig und Lindenhonig sehr kräftig. Wenn ich nervös
bin, kann ich beispielsweise keinen Lindenhonig essen, da
brauche ich einen milderen Geschmack. Auch die Konsistenz
ist verschieden, sie reicht von cremig über flüssig zu kristallisiert.

Weil Honig und Musik so gut zusammenpassen, vereinbarten
mein Lieblings-DJ Lehmann und ich einen Tauschhandel: Er
versorgt mich immer mit der besten Musik, und ich gebe ihm
dafür meinen besten Honig. In Melodie steckt auch das Wort
Honig: Mel-odie. Mel für Honig und Odie für Gesang.

Vor einigen Monaten schrieb mich ein junger Metzger aus
Thüringen an und bat mich um Rat:

Liebe Erika!
Ich möchte auch mit dem Imkern anfangen. Bienen be-
geistern mich einfach. Ich möchte Dich um Rat fragen:
Kannst Du mir bitte empfehlen, wie ich die Bienen un-
terbringen soll? Es gibt ja tausend verschiedene Beuten-

maße. Was nimmst Du für Beuten und was würdest Du mir empfehlen?
Viele Grüße aus Thüringen!
Thomas

Ich schmunzelte und antwortete ihm gleich.

Lieber Thomas!
Ich imkere mit der Segeberger Beute in Deutsch-Normalmaß. Viele Imker in Berlin imkern mit dieser Beute. Wenn ich einen Ableger kaufe, dann passen gleich die Rähmchen. Ich überlege aber, mit Dadant anzufangen, weil diese Beute einen größeren Brutraum hat und einen kleineren Honigraum. Das möchte ich gerne ausprobieren. Beim Platz musst Du darauf achten, dass die Beuten windgeschützt stehen und nicht zu viel Sonne abbekommen. Meine Bienen stehen auf dem Dach, aber Du kannst genauso gut im Garten oder auf dem Balkon imkern.
An Deiner E-Mail-Adresse sehe ich, dass Du Metzger bist? Das finde ich lustig: Mein Freund wollte früher auch gern Metzger werden. Zu Hause reden wir manchmal darüber, wie es wäre, wenn er ein Metzgereigeschäft hätte. Mein Honig könnte dann auf der Theke stehen. Ich finde schon, dass Fleisch und Honig gut zusammenpassen. Sie gehören beide zur Grundversorgung der menschlichen Nahrung.
Ich wünsche Dir viel Glück mit den Bienen!
Viele Grüße aus Berlin,
Erika

Thomas bedankte sich herzlich bei mir. Dann hörte ich nichts mehr von ihm, bis eines Samstagmorgens mein Handy anzeigte, dass eine Kurzmitteilung eingetroffen war. Sie war von Thomas. »Ich komme nach Berlin! Wollen wir Fleisch gegen Honig tauschen?«

Stéphane war begeistert. »Okay, komm doch morgen früh hier vorbei«, schlug ich dem Metzger per SMS vor.

Am nächsten Morgen klingelte es um sieben an der Tür.

»Es ist Sonntag«, stöhnte Stéphane.

»Ich habe geschrieben: ›morgen früh‹. Das ist für Metzger vielleicht um sieben«, murmelte ich verschlafen. Gähnend tapste ich zur Tür.

Thomas stand strahlend in seiner weißen Metzgerhose vor mir. »Guten Morgen, Erika!« Er streckte mir fünf Wildsalamis entgegen.

»Guten Morgen«, erwiderte ich, schon etwas wacher. »Magst du einen Kaffee mit uns trinken?«

Thomas packte noch acht Wurstdosen und einige Gläser mit Wildschweinbraten, Jagd- und Blutwurst und geräuchertem Schweinefilet für uns auf den Tisch.

»Meine Metzgerei ist ein Familienunternehmen«, erzählte er munter drauflos. »Wir führen es jetzt schon in fünfter Generation. Unsere Familie ist sehr groß.«

Wir unterhielten uns noch lange über Bienen und Kühe, über Honig und Fleisch. Am Ende seines Besuches packte ich Thomas zehn große Gläser Honig ein, damit es für seine gesamte Familie reichte.

Seither sind wir in Kontakt geblieben, und wir wissen beide, dass wir nicht das letzte Mal getauscht haben. Im nächsten Jahr wird er sich auch Bienen zulegen, da wird es bestimmt einiges zu besprechen geben.

Schicht: Arbeiten im postindustriellen Zeitalter

Die Regionalisierung, das Tauschen und auch die Rückbindung der Menschen an die Natur sind Themen, die mir mit meinen Bienen im Alltag immer wieder begegnen. Alles hängt mit allem zusammen. Wie wir essen, bestimmt unser Leben, wie wir konsumieren, unsere Arbeit. Dass Imkern wieder ein beliebteres Hobby geworden ist, hat mit der neuen Land- und Naturlust der Menschen zu tun. Positiver Nebeneffekt ist das Produkt Honig, von dem ich weiß, wo es herkommt und was es enthält.

Deshalb darf man das Imkern auch nicht als Arbeit oder als Beruf begreifen, sondern als Möglichkeit, gesund und mit Tieren zu leben.

»Wie viele Stunden verbringst du mit der Imkerei?«, fragten mich viele Neuimker.

»Das kann man in Stunden nicht rechnen. Während des Bienenjahres begleitet der Imker seine Bienenvölker. Imkerei erfordert keine tägliche Routine. Sondern einen Sinn für Naturbeobachtung und die Fähigkeit, danach zu handeln. Und vor allem keine Scheu vor körperlicher Arbeit«, war meine Antwort darauf.

Imker sein bedeutet, den Bienen den Raum zu geben, den sie brauchen, um Honig einzutragen und sich zu vermehren. Imker sein bedeutet, Krankheiten erkennen und die Bienen zu pflegen. Imker sein erfordert auch, die Bienen in Ruhe zu lassen – und das war vielleicht das Schwierigste, zumindest für mich.

Es reicht eigentlich, wenn man von Mitte April bis Anfang Juli jede Woche einmal nach den Bienen schaut. Im Juli wird geerntet und danach gegen die Varroamilbe behandelt. Wenn man nur die einzelnen Stunden rechnet, sind das nicht viele.

Trotzdem bin ich jedes Mal wieder erstaunt darüber, wie sich die Geschwindigkeit der Zeit ändert, sobald man am Bienenstand steht. Sie verlangsamt sich. Oft denke ich, ich fahre nur schnell eine Stunde nach den Bienen schauen. Schaue ich hinterher auf die Uhr, sind bereits zwei Stunden vergangen.

In der Landwirtschaft arbeitet man selbstbestimmt. Mit dieser Selbstbestimmtheit und natürlich auch mit ihrem Produkt kann man der Industrie ein Gewicht entgegensetzen. Das macht für mich postindustrielles Arbeiten aus. Im Zeitalter der Industrialisierung und Digitalisierung – die sie nach sich gezogen hat – sind Menschen angestellt, sie gehen an ihren Arbeitsplatz und bekommen einen Stundenlohn für ihre Tätigkeit. Ihre Arbeit bemessen sie an der Anzahl der Stunden, die sie arbeiten.

In der Landwirtschaft, von der unser Land früher geprägt war, ist das ganz anders. Mein Vater hatte als Landwirt ein selbstbestimmtes Leben. Er kannte die biologischen Prinzipien und das Wetter. Sie waren es, die seine Zeit eingeteilt und ihm gesagt haben, wann was zu tun ist. Ihm hat nie jemand gesagt: »Ein Tag hat acht Stunden.«

Ich kann heute in der urbanen Landwirtschaft sogar ohne eigenen Grund und Boden arbeiten. Ich nutze einfach das, was hier steht. Die Bäume in der Stadt gehören ja uns allen, auch den Bienen. Damit ist die Imkerei als Teil urbaner Landwirtschaft eine sinnvolle Ergänzung zu den Gemeinschaftsgärten, wo gesät und geerntet wird.

»Bienenhaltung ist die Poesie der Landwirtschaft«, hat mal jemand zu mir gesagt. Landwirtschaft bedeutet, Lebensgemeinschaften einzugehen, nicht nur Geldgemeinschaften. Lebensgemeinschaften verlangen eine andere Art der Betreuung. Früher arbeiteten die meisten Menschen in der Landwirtschaft, später in der Industrie. Heute sind viele Menschen im

Dienstleistungssektor tätig. Die wenigsten haben etwas mit der Natur oder in der Natur zu tun.

Wohin das im Extremfall führen konnte, sah man in Detroit. Früher war es Farmland. Dann kam Ford. Und damit das erste Fließband in einer Autofabrik, das es ermöglichte, ein Auto binnen weniger Stunden zusammenzubauen. Das war bahnbrechend, in Detroit wurde Geschichte geschrieben. Man holte Leute aus der ganzen Welt. Und viele sind gekommen, um in den Autofabriken zu arbeiten. Als die Fabriken nach dem Zweiten Weltkrieg ausgelagert wurden, verloren die Menschen nicht nur ihre Arbeit. Sie verloren auch ihre Nachbarn, ihr Umfeld, ihre Lebensgrundlage.

Heute verschwimmen die Grenzen. Die Menschen, die auf dem Land wohnen, arbeiten in der Stadt. Sie ernähren sich nicht vom eigenen Garten. Menschen, die in der Stadt leben, einen Schrebergarten betreuen und Bienen halten, können mehr landwirtschaftlich tätig sein, als jemand auf dem Land. Alles ist möglich. Die Sehnsucht danach, mit der Natur zu arbeiten, steckt in vielen Menschen – ob sie in Detroit leben oder in Berlin. Es ist wunderbar, wenn sie das ausleben können, unabhängig davon, wo sie leben und wie sie arbeiten. Das System wird flexibler.

Früher haben viele Menschen begonnen zu imkern, wenn sie in Rente gingen, weil sie dann Zeit hatten. Heute finden oft jüngere Menschen in ihrem Alltag Zeit für die Imkerei: Manche, weil sie keinen Job haben, manche, weil sie sich in ihrer Freizeit sinnvoll beschäftigen wollen, und manche, weil sie einen Ausgleich zu ihrem streng durchorganisierten Alltag brauchen. Imkern kann man in jeder Lebenssituation. Auch wenn ich mit alten Imkern spreche, merke ich, wie verschieden ihre Lebensentwürfe, ihre Biographien sind.

Es ist nicht alles gut, was neu ist

Wie unterschiedlich Imker sein können, erfuhr ich wieder einmal beim Berliner Imkertag im September 2011, als mich eine Gruppe hessischer Imker auf meinem Dach besuchte.
Der Tag war sonnig und für die Jahreszeit ungewöhnlich warm. Ich begrüßte die Herren, die alle schon seit vielen Jahren Bienen hielten. An ihren interessierten, aber auch erstaunten Gesichtern konnte ich erkennen, dass sie gerade eine neue Welt betraten. Noch nie hatten sie Bienenstöcke auf einem so hohen Dach gesehen – bei ihnen zu Hause standen sie im Garten. Aber sie ließen sich mit Freuden auf das Neue ein und genossen die Aussicht über Kreuzberg.
Eine halbe Stunde lang erzählte ich von den Unterschieden zwischen Stadt- und Landimkerei. Von unten hämmerte der Bass aus der Ritter Butzke. Wir ignorierten ihn. Es ging uns ja um die Bienen.
Nachdem ich meinen kleinen Vortrag beendet hatte, ergriff der Vorsitzende des Imkervereins Bad Homburg das Wort, und es entstand eine angeregte Diskussion.
»Wir Imker haben ganz Hessen kartiert. An den weißen Flecken kann man sehen, welche Flächen nicht bestäubt werden, weil es dort keine Bienenstöcke gibt. Wie ist das bei Ihnen in Berlin?«
»Leider haben wir bislang keine Bienenkarte, auf der alle Imker eingetragen sind. Wir vom Charlottenburger Imkerverein haben schon eine Karte vorgeschlagen. Viele haben jedoch Angst davor, dass dann ihre Bienenvölker geklaut werden, wenn jeder weiß, wo sie stehen. Andere machen sich Sorgen um Klagen aus der Nachbarschaft. Ich denke, wir müssen noch einen Weg finden, wie wir die Daten so verschlüsseln, dass sie nicht allen Menschen zugänglich sind. Dann könnte

man zeigen, welche Gebiete Berlins bestäubt werden, und wo Bienen fehlen. Wenn Neuimker anfangen, wissen sie auch gleich, wo sie die Bienen aufstellen können. Mein Ziel wäre es, auch die Straßenbäume zu erfassen, dann könnte man anhand der Karte auch auf Erntemengen schließen. Eine Hilfe wäre das sicherlich auch bei der Neubepflanzung von Flächen, man könnte einfacher und besser mit der Stadtverwaltung zusammenarbeiten.«

Nun meldete sich ein weiterer Herr: »Ich freue mich, dass die Imkerei in der Stadt so erfolgreich ist. Leider ist es bei uns auf dem Land ganz anders. Seit dreißig Jahren bin ich Imker. Aber niemand kauft mehr meinen Honig. Für 500 Gramm bekomme ich nicht einmal mehr drei Euro, weil der Supermarkt den Preis diktiert. Damit kann ich nicht konkurrieren. Ich bin es auch leid, meinen Honig anzupreisen und zu erklären, warum ich nicht für drei Euro produzieren kann.«

»Das ist ja schrecklich«, entfuhr es mir.

»Ich ernte trotzdem, das ist ja ein wesentlicher Teil der Bienenhaltung. Aber ich verfüttere den Honig wieder an meine Bienen. So spare ich Futtersirup, den ich dann nicht kaufen muss, und ich ermögliche meinen Bienenvölkern, über den Winter von dem Honig zu zehren. Ich habe kaum Winterverluste.«

Ich war begeistert. Diese Vorgehensweise war aus der Not heraus geboren, aber sie könnte wegweisend für die Zukunft sein. Fast keine Winterverluste, wo gab es denn so was! Die Landimkerei setzt nicht nur hier den Trend. Auch in der Entwicklung biologischer Methoden, der Varroamilbe Herr zu werden, müssen wir Stadtimker von den Landimkern lernen.

Über die Geschichte dieses Herrn dachte ich noch lange nach. Vielleicht musste man in der Imkerei wieder mehr zu den

Wurzeln zurückkehren, die Biologie wieder mehr verstehen, um den Bienen etwas Gutes zu tun. Auch Futtersirup wird erst seit der Industrialisierung an die Bienen verfüttert. Früher hatte man mehr Bienenvölker und erntete dafür weniger pro Volk. Konnte die Sirupfütterung auch ein Grund für eine langfristige Schwächung der Bienenvölker sein? Was sind schon hundert Jahre im Vergleich zu den 50 Millionen Jahren, die die Bienen schon auf der Erde sind?

Beim Menschen ist es ja ähnlich. Durch die Industrialisierung kam erst der raffinierte weiße Zucker auf unseren Speiseplan. Vorher verwendete man meist Honig oder Rübensirup zum Süßen – in beidem waren Vitamine und die positiven Eigenschaften aus den Pflanzen enthalten. Süß bedeutete also nicht gleich ungesund. Dies ist heute eben schon der Fall. Wir verzehren kaum ein Produkt, essen kaum eine Mahlzeit, in der kein raffinierter Zucker enthalten ist. Nachweislich macht dieses Übermaß an industriell verarbeitetem Zucker die Menschen krank – vielleicht auch die Bienen?

Ich stelle mir vor, dass die Evolution über Millionen von Jahren abgelaufen ist wie ein Wettrüsten der Kreaturen. So hat sich ein natürliches Gleichgewicht zwischen der Bienenabwehr und den Angreifern von außen entwickelt. Diese Balance hat die Varroamilbe wohl zerstört. Wir sind dazu aufgefordert, die Biene dabei zu unterstützen, diese natürliche Abwehr wiederzuerlangen.

Was man tun kann

Während ich das schreibe, ist wieder ein Jahr vorbeigegangen: ein Bienenjahr und ein Menschenjahr. Die Ruhe im Winter ist schön, ich habe dann keine Verpflichtungen in den Gärten oder bei den Bienen. Ich kann draußen nicht arbeiten, sondern verbringe meine Zeit drinnen am Schreibtisch oder in der Bar. Eine Verschnaufpause, bevor die Bienen wieder ausfliegen und die Pflanzen erneut zu wachsen beginnen.

Während ich in den Frühlings- und Sommermonaten hauptsächlich praktisch arbeite, ist der Winter zum Lesen, Nachdenken und Organisieren da. Stéphane und ich arbeiten nach wie vor an unserem Detroit-Projekt.

Für das kommende Jahr plane ich außerdem, meine Bienenvölker noch weiter zu vermehren und neue Standorte zu erschließen. Und dann wäre da noch das mobile Bienenmuseum.

Diesen Plan fasste ich mit einer Künstlerin und einer Architektin. Silke arbeitet mit Kindern und Jugendlichen im Stadtteil Wedding. Katja ist Architektin. Ihre Bachelorarbeit 2010 hatte das Thema »Berlin Bienenstadt«, zusammen mit Silke entwickelte sie das Mini Bienen Museum für Kinder und Erwachsene. Jetzt planen wir gemeinsam, ein mobiles Bienenmuseum zu schaffen, mit dem wir durch Berlin fahren können.

Unser Konzept greift unter anderem die Idee der Gartenarbeitsschulen auf, eine Berliner Reformpädagogik der 1920er Jahre, die vorsah, Flächen in der Nähe von Schulen zu bewirtschaften. Die Schüler sollten dort den Umgang mit Pflanzen kennenlernen. Unser mobiles Bienenmuseum soll einen Schritt weiter gehen und von einem Ort zum andern fahren.

Das ist, finde ich, überhaupt das Wichtigste, die Leute wach-
rütteln, sie zum Nachdenken bringen, ihre Aufmerksamkeit
auf die wirklichen, die wahrhaften Dinge zu lenken: Wo
kommt unser Essen her? Wer hat es produziert? Wie wurde es
verändert? Wie wurde es verpackt? Wie weit wurde es transportiert?

Wenn jeder beispielsweise anfangen würde, nur noch Honig
aus der Umgebung zu kaufen, wäre schon viel erreicht. Mit
dem Bewusstsein, dass man mit jedem Glas auch die Vielfalt
der Region fördert. Mit dem Kauf unterstützt man nicht nur
ein kleines Unternehmen, eine Imkerei, sondern auch die
Umwelt der Imkerei.

Ich esse häufig Honig aus anderen Regionen, aber nur, wenn
ich einen persönlichen Bezug dazu habe: aus Korsika, Stéphanes Heimat, aus Oberbayern, meiner eigenen Heimat,
und aus Detroit. Honig aus New York oder Paris steht nur in
meiner Sammlung.

Ein zweiter Schritt wäre, lokales Obst und Gemüse zu bezie-
hen, denn die Wechselwirkung ist enorm. Der Landwirt wird
Interesse daran haben, dass es viele Imker in seiner Umgebung gibt. Und der Imker wiederum würde sich freuen, wenn
der Landwirt viele verschiedene Pflanzen anbaut, um die
Nahrungsvielfalt für die Bienen zu erhöhen. Wenn die Bienen
dort fliegen, werden nicht nur die Früchte und das Obst der
Gärten bestäubt, sondern auch die Wildfrüchte und die Wildblumen auf den Wiesen. Dann gibt es Futter für Vögel und
andere Tiere. Dann blüht auch die gesamte Umgebung.

Diese Kreisläufe müssen wieder aktiviert werden.

Die vielen deutschen Städte sind bereits biologische Oasen.
Ihre Pflanzenvielfalt ist um einiges höher als die Pflanzenvielfalt auf dem Land, aber auch hier kann jeder Einzelne noch
etwas beitragen. Wenn wir einen Balkon haben, können wir

darauf Blumenwiesen im Miniaturformat säen anstatt der einjährigen Pflanzen wie Geranien oder Fleißige Lieschen. Balkonkästen mit Kräutern sind eine gute Alternative, von der sowohl die Bienen profitieren als auch wir Menschen, indem wir unserem selbstgekochten Essen immer etwas Frisches beifügen können.

Wer einen Garten hat und den Bienen gezielt etwas Gutes tun möchte, kann mehrjährige Blühflächen anlegen, die auch andere Bestäuber wie Schmetterlinge oder Hummeln anlocken. Solche Saatgutmischungen können Lücken im jährlichen Trachtenband überbrücken. Es gibt sie je nach Verwendungszweck in allen Größen und Farben.

Allerdings erfordert die Anlage mehrjähriger Blühflächen besondere Sorgfalt, damit dauerhaft bunte Flächen entstehen – danach ist der Aufwand aber auch relativ gering. Um den Erfolg des Anwachsens zu erhöhen, setzen sich die meisten Mischungen aus Kulturpflanzen – zum Beispiel Borretsch, Ackersenf und Ringelblumen – und Wildpflanzen – wie Kornblumen, Wiesensalbei oder Margeriten – zusammen. Das Mischungsverhältnis verändert sich im Laufe der Zeit, so dass die Kulturpflanzen immer weniger werden und die Wildpflanzen, als die ausdauernden Arten, die Führung übernehmen.

Aus Naturschutzsicht sollten der Herkunftsort des Ausgangssaatguts und der Verwendungsort möglichst ähnlich und benachbart sein. Das Saatgut ist dann gebietseigen. Beim Netzwerk Blühende Landschaft gibt es Saatgut aus den Regionen Deutschland Nord / Süd / Ost. Diese wurden gebietsheimisch geerntet. Im Gegensatz zu den Saatgutmischungen aus Baumärkten, die oft Blumensamen enthalten, deren Blüte unsere heimischen Bestäuber nicht erkennen.

Mein allergrößter Wunsch wäre es, wenn sich viele Menschen für die Imkerei begeistern könnten. Vorrangiges Ziel muss es für uns deutsche Imker sein, die Zahl der Bienenvölker und somit auch der Imker zu erhöhen. Wenn wir es bis 2020 schaffen könnten, genauso viele Imker und Bienenvölker in Deutschland zu haben wie vor hundert Jahren, wäre das großartig. Die Struktur sollte dabei allerdings gleich bleiben: viele kleine Imkereien übers Land verteilt, die die Umgebung bestäuben; Bienenvölker, die an einem Ort leben können und nicht durch ganz Deutschland gefahren werden müssen. Dann müsste sich aber auch etwas in der Landschaftsgestaltung ändern. Dann müssten auch Blühflächen überall im Land zu finden sein. So, wie es von der EU aktuell gefordert wird. Blühflächen, die unsere Bestäuber die ganze Blütensaison über mit Nektar und Pollen versorgen, die nicht durch Pflanzenschutzmittel und Neonicotinoide vergiftet sind.

Dass man auch in der Stadt Bienen halten kann, haben schon Generationen vor mir gezeigt. Aber auch auf dem Land werden laufend Imkerschulungen durchgeführt und neue Wege beschritten. Da viele der derzeit tätigen Imker bereits relativ betagt sind, wäre es wichtig, dass sich auch Jüngere an die Bienenhaltung herantrauen. Wer Lust dazu hat, sich diesen kleinen nützlichen Tieren zu widmen und seinen eigenen Honig zu ernten, der wende sich vertrauensvoll an einen Imkerverein in der Nähe – ich bin sicher, er wird mit Freuden aufgenommen!

Mein Leben hat angefangen
zu summen

Es ist Donnerstagabend, mein Bar-Abend. Am Tresen sitzen Eric aus Neuseeland und Claudia aus Kolumbien und trinken einen Wodka Cranberry. Eric und Claudia sind im Herbst nach Berlin gezogen, um hier zu studieren und zu imkern.

Eric, weil er schon in Neuseeland Bienen hatte, und Claudia, weil sie unbedingt imkern lernen will. Über den Landesverband sind sie zu mir in die Imkerversammlung gekommen. Da Claudia auch in der Schlesischen Straße wohnt, habe ich sie ins Mysliwska eingeladen. Hier können wir uns gut über Bienen austauschen.

Früher wäre das undenkbar gewesen, zwei junge ausländische Studenten, die einfach so Bienen haben möchten. Und jetzt sitzen sie bei mir am Tresen, und ich kann ihnen weiterhelfen. Ich finde, das sind genau die Leute, die wir brauchen, die frischen Wind in die Imkerszene bringen. Mit neuen Ideen, einer Riesenbegeisterung und dem Verantwortungsbewusstsein, dass sie ihren Beitrag für ein großes Ganzes leisten. Sie sind offen und freundlich.

Es ist erst acht Uhr abends und noch nicht so viel los in der Bar, also kann ich mit den beiden reden. Das ist für mich auch immer spannend zu erfahren, was andere zur Imkerei bringt. Eric will der Natur etwas zurückgeben: »Die Bienen tragen dazu bei, dass wir eine so reichhaltige Auswahl an Lebensmitteln haben. Das muss erhalten werden.«

Claudia ist genauso begeistert. Das gefällt mir. Natürlich

225

könnte ich jetzt sagen: »Leute, lasst mal gut sein. Das Imkern ist mit viel Arbeit verbunden, und man kann nicht von heute auf morgen wieder damit aufhören, wenn es einem nicht gefällt.« Aber ich will dieses alte Denkmuster durchbrechen. Man sollte den Elan, die Begeisterung, die junge Leute mitbringen, nicht abwürgen, sondern nutzen – in Energie umwandeln, für die Bienen.

Es gibt viele Menschen, die sich mit der Imkerei befassen, und es werden immer mehr. Kein Wunder, dass zu einem Zeitpunkt, an dem die Menschen das Vertrauen in die Wirtschafts- und Finanzwelt verloren haben, in dem die Erde durch Menschenhand begradigt, planiert, vergiftet wird, dass sich die Menschen gerade jetzt wieder für die wirklichen Zusammenhänge interessieren. Wir wollen wissen, wo das Essen auf unserem Teller herkommt, wer es produziert und geerntet hat – und wir wollen endlich wieder Nahrungsmittel essen, die gut schmecken.

Dasselbe gilt für den Honig. Mit Honig verbinden wir Heimat und Geborgenheit. Weil Honig in unserer Kindheit meistens noch regional bezogen wurde und damit den unverwechselbaren Geschmack der Heimat trug.

So geht es meinen Kunden zum Beispiel, wenn sie zum ersten Mal meinen Kreuzberger Honig kosten. Sie kennen mich, wissen aus erster Hand, wer das Lebensmittel, das sie erwerben, produziert hat. Und sie können nachfragen. Dadurch erfahre ich ständig, dass es den Menschen nicht mehr egal ist, wo ihr Essen herkommt. In einer Zeit, wo wir alle mehr oder weniger entwurzelt sind, weil alles global und digital ist, sehnen sich viele nach dem Ursprünglichen.

Und sie helfen mit, die Welt so zu verändern, wie sie sie sich wünschen. Im Kleinen die eigene Umgebung zu gestalten, sich die Heimat, nach der man sucht, aufzubauen – das ist ein großes Thema, und sicher nicht nur bei mir in Berlin.

Die Bienen sind dabei für mich ein Symbol: Sie sind eine kleine Welt für sich, leben durch ihre unmittelbare Umwelt und erhalten sie gleichzeitig. Was sie im Kleinen machen, können wir im Großen genauso umsetzen: uns auf die nähere Gemeinschaft fokussieren und uns von dem ernähren, was uns die unmittelbare Umwelt gibt.

Ähnlich wie die Bienen sehe ich auch die vielen Imker, egal in welchem Teil der Welt sie imkern, in der Stadt oder auf dem Land, sie sind wie kleine Satelliten, die mit Liebe die Bienen pflegen und dafür ihren süßen Honig ernten dürfen, den sie dann weitergeben. Und weil mittlerweile alle miteinander vernetzt sind, kann und muss man Erfahrungen austauschen, denn es gibt Gewaltiges, dem die Bienen ausgesetzt sind, Folgen der Globalisierung und der Industrialisierung. Die kleinen Wesen, die sich an der Schnittstelle Mensch und Umwelt bewegen, zeigen uns, woran es krankt und wo wir zu weit gegangen sind. Wir müssen die Bienen pflegen und ihnen wieder die Lebensgrundlage zurückgeben, die sie brauchen.

Es geht im Leben um das Summen, um die richtige Stimmung. Das Summen verbindet, und es vollendet. Das Summen bringt die nächste Ebene, eine dritte Dimension mit sich.

Mein Leben bewegt sich zwischen Blumen, Bar und Bienen, mitten in Berlin. Viele Jahre waren es gegensätzliche Interessen, denen ich nachgegangen bin, weil mir das eine guttut und ich auch das andere brauche.

Erst die Imkerei hat alles miteinander verknüpft und verbunden. Seither ergänzen sich meine unterschiedlichen Lebensbereiche: Mein Leben hat angefangen zu summen.

Glossar

Apis mellifera carnica: auch Kärntner Biene genannt; große Anpassungsfähigkeit, sanftmütig, wenig Propolis.

Apis mellifera caucasica: Spätbrüter, sanftmütige und schwarmträge Rasse, gute Überwinterungsfähigkeit, reichlich Propolis.

Apis mellifera ligustica: auch Italienerbiene genannt; kontinuierlicher Sommerbrüter, starke Völker, reiche Honigerträge, schwarmträge, sanftmütig.

Apis mellifera mellifera: Nordbiene, Spätbrüter, schwarmfreudig, gute Anpassung an die Heidetracht.

Arbeitsbiene: weibliche Morphe mit reduzierten Geschlechtsorganen, Entwicklungsdauer 21 Tage. Die Zahl der Arbeiterinnen steigt im Sommer auf 35 000 pro Bienenvolk. Ihre Lebensdauer beträgt je nach Auslastung im Sommerhalbjahr 20 bis 40 Tage und im Winter 220 bis 280 Tage. Sie sind für alle Aufgaben zuständig, die zur Erhaltung, Vergrößerung und Vermehrung der Sozialgemeinschaft beitragen. Man unterscheidet Stock- und Sammelbienen.

Befruchtung: Vereinigung von männlichen und weiblichen Geschlechtszellen. Der Blütenstaub (Pollen) gelangt über die Narbe auf den Stempel des Fruchtknotens. Von dort entwickelt sich ein Pollenschlauch in den Fruchtknoten, aus dem wiederum die Frucht entsteht. Die Nektarien sitzen seitlich des Fruchtknotens. Wenn die Biene mit dem Rüssel nach dem Nektar greift, streift sie sich die Pollen, die um die Mitte der Blüte angeordnet sind, über.

(Fremd-)Bestäubung: überwiegend durch Insekten vollzogene Übertragung der männlichen Geschlechtszellen einer Blüte auf die weiblichen Organe einer anderen Blüte. Das Haarkleid der Bienen ist für den Pollentransport hervorragend geeignet. Der Bestäubungswert, den die Bienen erarbeiten, ist 10 bis 15 mal höher als der Honigwert.

Bienenstand: Ort, an dem sich die Bienenvölker befinden. Bienenstand sagt man auch zu einer Überdachung von mehreren Magazinbeuten.

Bienentraube: hochorganisierte Form eines Bienenvolkes, das in diesem Sozialverband physikalische Faktoren wie Temperatur, Durchlüftung und Feuchtigkeitsgehalt perfekt regulieren kann. Im Zentrum der Traube befindet sich die Weisel. Man unterscheidet die Wintertraube, in der sich die Bienen bei Temperaturen unter 14 Grad Celcius zusammenziehen, und die Schwarmtraube, wenn ein Bienenvolk schwärmt und sich im Freien niederlässt.

Blütenstetigkeit: erlernte Verhaltensweise der Honigbienen, dass sich die Sammelbienen beim Aufsuchen der Blüten an ein und dieselbe Pflanzenart halten, solange sich der Sammelflug effizient rechnet. Das führt zu einer bedeutenden Bestäubungsleistung, auch von Monokulturen.

Brutnest: Teil der Bienenwabe, in dem die jungen Larven aus den Eiern heranwachsen.

Buckfast-Biene: Zuchtrasse aus der *Apis mellifera*. Nach dem großen Bienensterben der *Apis mellifera mellifera* züchtete Bruder Adam ab 1916 aus der *Apis mellifera ligustica* und *Apis mellifera mellifera* eine fleißige, widerstandsfähige und friedliche schwarmträge Biene.

Drohne: männliches Geschlecht im Bienenvolk, Entwicklungsdauer 24 Tage. Kommen die Drohnen nicht zur Paarung, leben sie 30 bis 40 Tage. Ein Drohn produziert 8 bis 11 Millionen Spermien. Die Drohnen sind der wesentliche Faktor für die Fortführung der genetischen Vielfalt im Stock.

Ei: Die Eizelle der Biene ist stiftförmig und leicht gekrümmt.

Entdeckelungsgeschirr: stabiles Drahtgestell, auf dem die Wabe in Schräglage fixiert ist, dazu eine Entdeckelungsgabel, ein gebogenes Werkzeug, manchmal auch gezähnt, zum Lösen der Wachsdeckel. Kann mit Wasserdampf oder elektrisch beheizt werden.

Flugbrett: Eingang zur Bienenwohnung. Vor dem Flugloch befindet sich ein Brett, von wo aus die Bienen zu ihren Sammelflügen starten und wo sie anschließend landen können.

Gelée Royale: aus den Kopfdrüsen der Ammenbienen hergestellter Futtersaft, auch Weiselsaft genannt; Nahrung für alle Larven in den ersten drei Tagen, für die Weisellarven bis zum Ende der Larvalperiode. Seine Hauptbestandteile sind Eiweiß, Fette und Zucker, dazu kommen zwanzig Aminosäuren.

Gift: bitter schmeckende, schwach aromatisch riechende, klare Flüssigkeit, die von den Bienen selbst erzeugt wird. Die Zusammensetzung des Giftes variiert je nach Bienenart. Die Produktion von Bienengift nimmt im Laufe des Sommers ab, bleibt aber in den Wintermonaten konstant. Bienengift wird seit dem Altertum bei Muskel-, Nerven- und Gelenkerkrankungen eingesetzt. Ein Bienenstich mit einer Dosis von 0,1 bis 0,3 mg Gift hat für alle, die nicht an einer Allergie leiden, heilsame Wirkung.

Honig: entsteht aus Nektar, indem Bienen durch Zufügen körpereigener Stoffe Rohrzucker in Einfachzucker spalten. Dieser Vorgang wird als Invertase bezeichnet. Gleichzeitig wird dem Nektar Wasser entzogen. Honig enthält etwa 20 Prozent Wasser, Nektar 65 Prozent. Die chemischen Zusammensetzungen der unterschiedlichen Honigsorten schwanken je nach eingetragenem Nektar, auch Duft und Geschmack werden im Wesentlichen davon bestimmt.

Hautflügler: Ordnung der holometabolen Insekten, bei denen in der Regel zwei Paar häutige Flügel vorhanden sind. Weltweit gibt es mehr als 100 000 Arten, in Mitteleuropa sind mehr als 10 000 bekannt. Zu den Hautflüglern gehören unter anderem Wespen, Bienen und Ameisen.

Königin: auch Weisel genannt; weibliche Morphe mit einer Entwicklungsdauer von 16 Tagen, die für die Nachkommenschaft sorgt, jedoch kein Pflegeverhalten aufweist. In jedem Bienenvolk gibt es nur eine begattete Weisel. Sie ist größer als eine Arbeiterin und kann drei bis vier Jahre alt werden. Ende Mai bis Mitte Juni legt eine Weisel über 1000 Eier pro Tag.

Larve: madenähnliches Entwicklungsstadium. Die weißlich gefärbte Larve ist nach dem Schlupf aus dem Ei ca. 1,6 mm lang. Nach fünf Tagen beträgt ihr Körpergewicht das 1500-Fache des Ausgangsgewichts. Es geschehen mehrere Häutungen, danach folgt die Metamorphose zur Puppe.

Magazinbeute: Bienenwohnung, bestehend aus mehreren Zargen, einem Unterboden und einem Deckel. Heute handelt es sich dabei um eine Oberbehandlungsbeute, auch gut geeignet zur Wanderung. Dazu verschließt man das Flugloch und transportiert die Beute an einen anderen Ort. Magazinbeuten waren früher aus Holz, z. B. aus Weymutskiefer. Heute gibt es sie auch aus Styropor.

Mittelwand: dünne Wachsplatte, die entweder gegossen oder gewalzt ist. Auf beiden Seiten wird ein Wabenmuster eingestanzt, entsprechend der Zellengröße der Arbeiterinnen. Die Bienen nehmen etwa zwei Drittel des Wachses auf und ziehen die Wände zu Zellen aus. Die heute gängige Mittelwand wurde 1858 von Johannes Mehring erfunden und wird in das mit Draht bespannte Rähmchen eingelötet.

Nektar: zuckerhaltige Lösung, die von Blütenpflanzen zur Zeit der Reife des Pollens und der Empfängnisbereitschaft der Narbe produziert wird. Der Zuckergehalt schwankt in derselben Blüte teilweise enorm, je nach Tageszeit, Blühstadium und Witterung. Bienen bevorzugen Nektar mit einem Zuckergemisch im Verhältnis zwei Teile Rohrzucker, ein Teil Traubenzucker, ein Teil Fruchtzucker. Die Bienen tragen den Nektar tröpfchenweise in den Stock.

Pollen: Blütenstaub, Gesamtheit der männlichen Geschlechtszellen der Blütenpflanzen und zugleich Eiweißnahrung für die Bienen. Ein Bienenvolk verbraucht etwa 25 bis 45 kg Pollen pro Jahr. Er wird von den Sammlerinnen gehöselt, d. h. beim Sammeln mit Enzymen und Honig zu Höschen verkittet und so transportiert. Der in den Wabenzellen eingelagerte Pollen heißt Bienenbrot.

Propolis: Kittharz, das Pflanzenknospen vor dem Befall von Kleinlebewesen, Pilzen und Bakterien schützt. Die Harze werden von einigen wenigen Bienen im Spätsommer gesammelt und mit körpereigenen Stoffen gemischt, um sie geschmeidiger zu machen. Propolis wird nicht gelagert, sondern gleich verwendet, zum Glätten von Unebenheiten, zum Ausfüllen von Ritzen und zum Auspinseln der Wabenzellen.

Puppe: Ruhestadium ohne Nahrungsaufnahme zwischen der Larve und dem vollständigen Insekt.

Rähmchen: von August Freiherr von Berlepsch in Deutschland eingeführte Rahmen aus Weichholzarten (Fichte, Tanne, Kiefer, Linde, Pappel). Das hölzerne Rähmchen wird mit einem Draht bespannt, darin wird die Mittelwand eingelötet.

Smoker: ein Rauchmaterialbehälter, zur Besänftigung der Bienen eingesetzt. Der Behälter ist größer als eine Pfeife. Der

Vorteil vom Smoker ist, dass er weiterraucht, wenn man ihn zur Seite stellt. Als Rauchmaterial eignet sich morsches Holz, getrockneter Rainfarn, Wellpappe, Räucherbriketts und vieles mehr. Rauch sollte sparsam eingesetzt werden.

Stockluft: empfindliches Klima im Inneren des Bienenstocks.

Stockmeißel: handliches Flacheisen; unentbehrliches Handwerkszeug zum Lösen von Verkittungen, zum Anheben der Zargen oder zum Abkratzen von Wachsbrücken.

Wabe: von den Bienen errichtetes Gebilde mit den typischen sechseckigen Zellen. Imker unterscheiden Pollen-, Honig- und Brutwaben, je nachdem, womit die Zellen gefüllt sind.

Wachs: körpereigenes Produkt des Bienenvolkes. Es besteht aus mehr als 300 Bestandteilen, unter anderem aus Kohlenwasserstoffen. Bienenwachs ist als Jungfernwachs weiß, später gelb bis gelbbraun. Ein Gramm Wachs enthält mehr als 1000 Wachsschuppen, die einzeln von den Bienen ausgeschwitzt werden.

Warré-Beute: die von Emil Warré entwickelte Naturbau-Beute. Sie besteht aus vielen kleinen Zargen, die einen Turm bilden, und ermöglicht eine einfache Bienenhaltung für jedermann. Der Deckel ist wie ein Dach, darin befinden sich Holzspäne, die Feuchtigkeit aus dem Stock aufnehmen. Sie besitzt nur ein ganz kleines Flugloch, der Boden ist geschlossen.

Weiselzellen: extra große Zellen, in denen die Königinnen heranwachsen. In jeder dieser wie Fingerhüte aussehenden

Zellen liegt ein Ei bzw. eine Larve, die im Laufe der Entwicklung besondere Aufmerksamkeit erhalten, unter anderem durch die Fütterung mit Gelée Royale.

Zarge: stapelbarer Kasten, in dem sich die Rähmchen befinden.

Zeidler: auch *Beutner;* Bezeichnung für den Imker zwischen dem 10. und dem 17. Jahrhundert. Früher waren die Imker in den Wäldern Ost- und Nordeuropas tätig. Jeder Zeidler durfte an den ihm zugeteilten Bäumen künstliche Höhlen (Beuten) einheben, wo die Bienen wohnten.

Literatur

Droege, Gisela: *Die Honigbiene von A bis Z*. Berlin 1993.

Deutscher Imkerbund: *Jahresbericht 2010/2011*. www.deutscherimkerbund.de

Kohfink, Marc-Wilhelm: *Bienen halten in der Stadt*. Stuttgart 2010.

Maeterlinck, Maurice: *Das Leben der Bienen*. Zürich 2011 [Original 1901].

Pritsch, Günter: *Bienenweide*. Stuttgart 2007.

Rüdiger, Wilhelm: *Ihr Name ist Apis*. Illertissen 1974.

Tautz, Jürgen: *Phänomen Honigbiene*. München 2007.

Westrich, Paul: *Wildbienen*. München 2011.

Zeiler, Claus: *Ratschläge für den Bienenfreund*. Stuttgart 1992.

Danksagung

Dieses Buch ist ein Gemeinschaftswerk. Ich danke Mareike Neukam, die mich Anfang 2011 ansprach und nach einem Besuch am Bienenstand begeistert war. In den laufenden Monaten führte ich schöne Gespräche mit Anne Kunze, die meine Gedanken aufnahm.

Mein Dank geht vor allem an Iris Hechenberger, sie hat die vielen Geschichten geordnet und stand mir immer zur Diskussion beiseite. Stefanie Hess hat es dann geschafft, ein großes Ganzes zu formen.

Außerdem bedanke ich mich bei den Fotografen für die großartigen Bilder. Sie haben nicht nur die Bienenstöcke fotografiert, sondern auch die Stimmung eingefangen. Herzlichen Dank an Urban Zintel und Oliver Wolff. Auch Scott Hocking danke ich für die Bilder aus Detroit.

Zuletzt genannt, aber eigentlich an erster Stelle stehend, danke ich allen, die mich in der Bienenhaltung inspirieren, allen Imkern für ihre guten Gespräche und Anreize im Umgang mit den Bienen, allen meinen Honigkunden, die mit mir die Freude und den guten Geschmack teilen. Ich danke meinen Eltern, meiner Schwester und meinem Lebenspartner für die vielen Stunden, die sie mir zuhören, wenn ich anfange, von den Bienen zu schwärmen.

Netzwerk Blühende Landschaft

Die Initiative Netzwerk Blühende Landschaft entstand vor fast 10 Jahren: eine Gruppe von Imkern, Landwirten, Naturschützern, die mit LBV, NABU, BN sowie BUND und auch mit den Verbänden für Ökologischen Landbau zusammenarbeiten. Mit ihrer Hilfe fängt unsere Landschaft an vielen Orten wieder an zu blühen. Das Netzwerk erstellt insektenfreundliche Bewirtschaftungskonzepte, es tritt in Dialog mit Verbänden und sieht sich in der Verantwortung zum Handeln. Die Initiative kümmert sich nicht nur um die Verbesserung der Lebensgrundlagen für unsere Honigbienen, sondern auch für Wildbienen und Schmetterlinge und andere Insekten.

Das Netzwerk dient gemeinnützigen Zwecken und kann unterstützt werden durch Spenden, Mitgliedsbeiträge, Infomaterialien, Projektmittel und ehrenamtliche Tätigkeit.

www.bluehende-landschaft.de

Über diese Initiative können Saatgutmischungen bezogen werden, die zur Aussaat von Bienenweiden und Wiesen entwickelt wurden und dafür sorgen, dass die Bienen und Schmetterlinge das ganze Jahr über Nektar und Pollen finden.

Säen Sie aus! Dann kann es wieder blühen.

Bildnachweis